今日から
モノ知り
シリーズ

トコトンやさしい

シリコーンの本

オイルやゴムなど様々な形態を持ち、電気･電子、自動車、建築、化学、化粧品、繊維、食品、日用品などあらゆる産業分野で使われているシリコーン。多様なニーズに応え、今もその活躍の場を拡げています。

シリコーン電子材料技術研究所所長
池野正行 監修
信越化学工業 編著

B&Tブックス
日刊工業新聞社

はじめに

シリコーンとは、石英と同じシロキサン結合（-Si-O-Si-）の骨格を有し、そのケイ素原子に有機基が結合した有機ケイ素化合物に与えられた呼称です。ケイ素という無尽蔵の資源を出発原料とし、無機質の強さと有機質の特性を兼ね備えた特異な性質を持っている、天然には存在しない人工物です。

シリコーンは、日本では１９５３年に商業生産が始まり、電気・電子、自動車、建築、化学、化粧品、繊維、食品などの様々な産業界の多彩なニーズに応え、多種多様なシリコーン製品が開発され、現在も成長を続けています。例えば、シリコーンはその耐熱性、電気絶縁性を活かし、各種電気・電子部品の保護材として使用され、また化粧品分野では、その独特の界面特性が、ヘアケア、メイクアップ、スキンケアなどのパーソナルケア用品に活かされ、私たちの身近なところで活躍しています。最近では、シリコーンゴム製の調理器具や高透明なグラスがホームセンター等で販売され、身近な日用品として手に触れる機会が増えてきました。

一方、自然界に存在する無機のケイ素化合物の代表としては水晶が挙げられます。その圧電特性を利用した日本発の水晶時計（クォーツ時計）は、日常生活に普及しています。また、ケイ酸（Si(OH)$_4$）はイネ類の成長に重要な役割を果たしていることがわかってきています。このように、無機及び有機のケイ素化合物は私たちの現代生活に不可欠な素材であり、植物界にとっても重要な要素といえます。

本書は2013年に発行された、「おもしろサイエンス　シリコンとシリコーンの科学」をベースに、よりわかりやすくをコンセプトに「トコトンやさしいシリコーンの本」に作り直したもので、当社のシリコーン電子材料技術研究所の研究者が分担して執筆いたしました。本書を通して、シリコーンをより多くの方々に理解していただき、シリコーンをさらに身近なものとして感じていただければ幸いです。

最後に、本書の企画段階から刊行に至るまで、日刊工業新聞社の藤井浩様をはじめ、関係者の皆様には大変お世話になりました。厚くお礼を申し上げます。

2019年11月

池野　正行

トコトンやさしい

シリコーンの本

目次

目次

CONTENTS

第1章 シリコーンってどんなもの？

第2章 シリコーンオイルは〝魔法のオイル〟

第3章 シリコーンオイルは進化している

第4章 熱や光に強いシリコーンレジン

第5章 様々な分野で活躍するシラン

第6章 シリコーンゴムは日用品から自動車部品にまで使われる

第7章
幅広い用途をもつ液状シリコーンゴム

【コラム】

第1章

シリコーンってどんなもの?

1 地球の主要な構成元素であるケイ素

無尽蔵に存在する大地からの贈り物

シリコーンは、ケイ素という元素から作られる人工の物質です。「人工の物質」というと資源の枯渇や環境問題を心配する人がいるかもしれません。しかしながら、シリコーンはアトムエコノミーの観点から考えると、最もクリーンな物質のひとつです。一般に「プラスチック」といわれるものの多くが石油をほぼ唯一の原料にしているのに対して、シリコーンは重量の約4割が地殻から無尽蔵に採取できるケイ素から構成されています(シリコーンオイルの場合)。このため、貴重な石油の使用量をそれだけ削減しているとも考えられます。米国の地球科学者フランク・クラーク(1847―1931、左ページの似顔絵)は火成岩の成分分析に基づいて、地球の表面付近を構成する元素の割合を推測し、クラーク数として発表しました。古いデータではありますが、おおよその構成比を知る意味では現代でも役に立ちます。クラーク数は多い順に、酸素、ケイ素、アルミニウム、鉄、カルシウム……、となっています(左下表)。ケイ素のクラーク数は25・8%ですので、地表付近の約1/4はケイ素からできているといえます。

このように、豊富に存在するケイ素ですが、元素単体で天然に存在することはなく、ケイ石といわれる二酸化ケイ素(SiO_2)の形で産出します。身近に存在する「白い石」をイメージすればそれがケイ石で間違いありません。ケイ石は、様々な化学プロセスを経てシリコーンに至ります(4参照)。ケイ素はシリコーンとして利用される以外にも、半導体シリコン(2参照)としても大きな需要があり、現代の便利な生活には欠かすことのできない元素です。

ちなみに、シリコーンと同様のアトムエコノミーなプラスチックに、ポリ塩化ビニル(PVC)が挙げられます。PVCは海水に豊富に含まれる塩素を利用して石油の使用量削減に貢献しています。PVCが海からの贈り物であれば、シリコーンは大地からの贈り物といえるかもしれません。

要点BOX

- ●シリコーンはケイ素からつくられる
- ●ケイ素は地殻に豊富に存在するため、枯渇の心配がない

フランク・ウィグルスワース・クラーク

フランク・クラーク
(Frank Wigglesworth Clarke、1847年3月19日〜1931年5月23日)
クラーク数の生みの親のクラーク。地球化学の創立者の一人。

地表元素の組成比(クラーク数)

順位	元素名	%
1	O	49.5
2	Si	25.8
3	Al	7.56
4	Fe	4.7
5	Ca	3.39

クラーク数とは、地球上の地表付近に存在する元素の割合を算出したもの。

用語解説

アトムエコノミー：1991年に米国スタンフォード大学のTrost,B.M.教授によって提唱された概念で、化学プロセスにおいて有効に利用される原子の割合をいう(*Science* 1991, *254*, 1471)。プラスチックは最終的に廃棄されるので、限りある資源である石油由来成分が少ないほうがアトムエコノミーである。

2 「シリコン」と「シリコーン」の違い

シリコンとシリコーンは似て非なるもの

シリコンとシリコーンは似て非なるものです。シリコンは元素名でケイ素の英語名（Silicon）に由来します。酸素、窒素、炭素、などと同様に物質を構成する元素の一つです。また、シリコンは元素名であると同時に「単体」物質としての名前でもあります。単体のシリコンは金属光沢を呈し、半導体としての性質を有しています。このため、「金属ケイ素」と呼ばれることもあります。金属ケイ素を精製して単結晶に加工したものは、半導体用途に使用されるため、特に、「半導体シリコン」ともいわれています。「単結晶」というと食塩のようなものをイメージする方が多いかもしれませんが、シリコンの結晶も実は身近に見ることができるものです。太陽電池の基板に迷彩柄のような濃淡があるのはご存知でしょうか。この濃淡は結晶度の違いによるもので、太陽電池には多結晶シリコン（ポリシリコン）と呼ばれる単一の結晶ではないシリコンが使われています。このため濃淡を見ることができるのです。一方で、シリコーンはケイ素（シリコン）を構成元素の一つとして含有する有機化合物です。シリコーンは、ケイ素以外にも、酸素、炭素、水素、を主体とした複数の元素から構成されています。かつて、有機化合物の分析は、元素分析法が主流でした。ジメチルシリコーンオイルを元素分析すると、C_2H_6OSiとなりますが、この元素構成比がアセトン（C_3H_6O）と似ていたため、ケイ素（silicon）のケトン（ketone）類縁体であると考えられていた時期があり、シリコーン（Silicone）という名称が与えられました。核磁気共鳴法などの構造解析法が発達した現代では、シリコーンはケトン類縁体ではなく、シロキサン結合（Si-O-Si）と呼ばれるケイ素と酸素が単結合で交互に連続した構造であることがわかっています（5参照）。日本語では、「ー」（長音）、英語では〝e〟の有無だけの違いですが、シリコンとシリコーンでは、それが指す物質は大きく違います。

要点BOX

- ●シリコン（ケイ素）は元素名および単体の名前
- ●シリコーンはケイ素を含む有機化合物、特にシロキサン結合を含む化合物の総称検索してみよう！

シリコンと
シリコーンは
まったく違うもの
なんだね！

用語解説

単体：単一の元素からできている物質
化合物：２種類以上の元素が化学反応することによって生成する物質

3 多様な形態を示すシリコーン

オイル、パウダー、ゴム、レジン等に姿を変える

シリコーンはケイ素を構成元素に含む有機化合物ですが（2参照）、特に、シロキサン結合（Si-O-Si）を繰り返し単位に有する高分子化合物を指すことが一般的です。エンジニアリングプラスチックの一種であるポリオキシメチレン（POM）は、C-O-Cの繰り返し単位を有していますが、その形態は一意的で固形の樹脂です。一方で、シリコーンはPOMとは異なり多様な形態を示すことができます。具体的には、オイル、パウダー、ゴム、レジン等の形態を示すことが知られています。同一の化合物群でこれだけ多様な形態を示すことは珍しいことです。これは、ケイ素が酸素と安定な単結合を形成できることに由来しています。ケイ素は、炭素と同族の元素ですので、結合手を4本持っています。ケイ素はこの結合手を0～4本まで任意の数だけ酸素原子と結合するために使うことができます。一方で、炭素の場合、同一の炭素原子上に複数の酸素原子が置換した構造は、「アセタール」、「オルトエステル」等と呼ばれ、いずれも加水分解を受けやすい構造として知られています。シリコーンは、ケイ素原子上に酸素原子が置換している数によって大きく特性が変化するため、酸素置換数によって分類することが有効です。M単位（酸素1置換）、D単位（酸素2置換）、T単位（酸素3置換）、Q単位（酸素4置換）という分類が学術上・工業上、広く用いられています。一般に、D単位を主体としたシリコーンはオイル（第2章）、T単位を主体としたシリコーンはレジン（第4章）、Q単位を主体としたシリコーンはシリカ（パウダー）、D単位を主体とし部分的に架橋構造を導入したものはゴム（第6、7章）、の形態をそれぞれ示すことが知られています。これら、M単位～Q単位は組み合わせて用いることもできるため、例えば、柔らかいレジン（D・Tの組み合わせ）のように自在に物性を調整することができます。このようにシリコーンは多様な形態を示します。

要点BOX

- ●シリコーンは多様な形態を示すことができる
- ●ケイ素の酸素との親和性の高さが多様なシリコーンの形態に由来している

シリコーンの基本単位

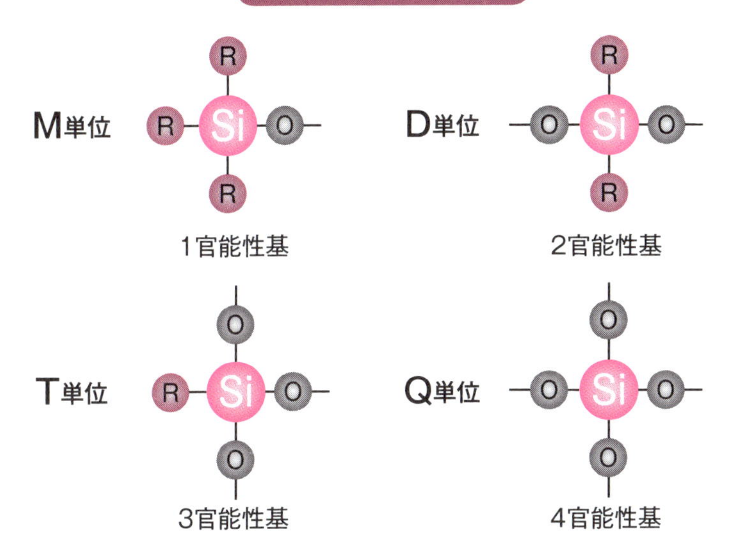

シリコーンのいろいろな形態

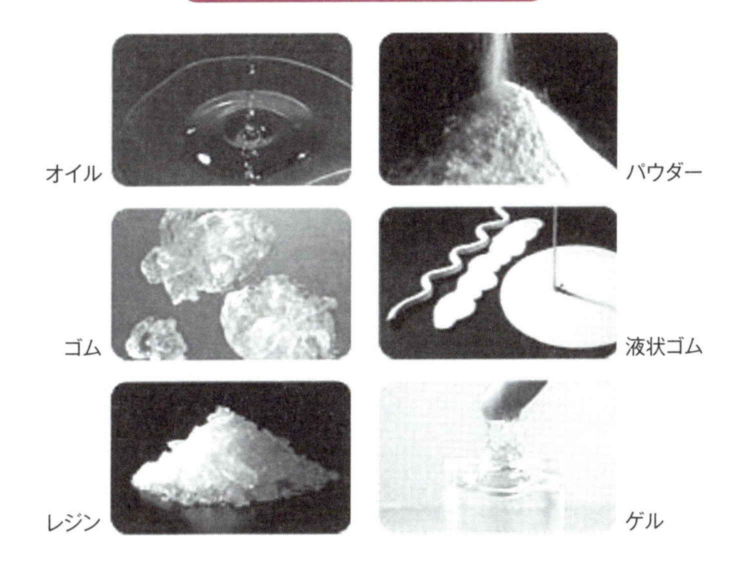

用語解説

高分子化合物：分子量が大きい分子で特定の単位が多数回にわたって繰り返し構成された化合物。シリコーンの場合、「シロキサン結合（Si-O-Si）」が繰り返し単位となる

4 シリコーンはどのようにできるの？

サプライチェーンを知ろう

化学工業においてサプライチェーンを知ることは非常に重要です。サプライチェーンがわかれば、化学品の最適な生産立地や価格などの情報について理解が深まります。ケイ石が地球上に豊富に存在することはすでに述べました（1参照）。しかしながら、世界中のどこでもシリコーン工業が最適立地になるわけではありません。ケイ石は、先ず電気アーク炉で炭素によって溶融還元し、金属ケイ素として取り出されます（$SiO_2 + C \rightarrow Si + CO_2$）。このプロセスは多くの電力を要するため、金属ケイ素は電気代の安価な国で生産されています（JOGMEC、鉱物資源マテリアルフロー2018ケイ素）。金属ケイ素は、続いて、銅などの金属触媒存在下、有機塩化物と反応することで、クロロシランに変換されます（Rochow反応、$Si + 2CH_3Cl \rightarrow (CH_3)_2SiCl_2$）。金属触媒の構造や有機塩化物の化学当量によって、ケイ素原子上に導入される塩素原子と有機基の比率（M単位～Q単位、3参照）を変えることができます。シリコーン工業では、実需に合わせてM単位～Q単位を作り分ける必要があり、シリコーンを製造している会社は、それぞれ独自のノウハウでこの比率を制御しています。

また、金属ケイ素の反応パートナーが有機塩化物であることから、有機塩化物を製造するソーダ工業もシリコーン工業にとって重要なサプライチェーンです。豊富に存在するケイ石ですが、このように隣接するサプライチェーンの立地や特殊な製造ノウハウのために、シリコーンの製造を行っている会社は世界でも限られています。得られたクロロシランは水と反応することで加水分解してシロキサン結合を形成し、シリコーンに至ります（$n(CH_3)_2SiCl_2 \rightarrow [(CH_3)_2SiO]_n + 2nHCl$）。将来、技術革新によって現行のサプライチェーンに縛られない製造方法が実現するかもしれません（第1章コラム）。そのときは、世界中がシリコーン工業の最適立地になるポテンシャルを秘めています。

要点BOX

●シリコーンは、ケイ石を還元して金属ケイ素を得る工程と金属ケイ素と有機塩化物を反応してクロロシランを得る工程で製造する

ロコー反応の発見者

ユージーン・ジョージ・ロコー
(Eugene George Rochow、1909年10月4日~2002年3月21)

シリコーンはどこで作るのがいいか考えてみよう！

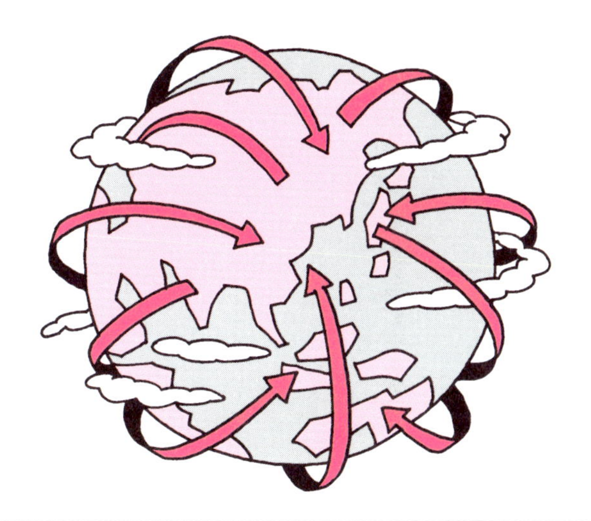

用語解説

還元：原子が酸素を失う反応。ケイ石 (SiO_2) の還元の場合、ケイ素の持っていた2個の酸素が失われて金属ケイ素 (Si) になる。かわりに炭素 (C) は酸素を受取り二酸化炭素 (CO_2) になる。これを酸化という。酸化と還元は同時に起こる。

5 熱に強いのはシロキサン結合のパワー

シリコーンは耐熱性に優れる

シリコーンは、他の樹脂と比べて熱に強いのが特長です。

その特長を活かして、シリコーンオイルは工業的に耐熱性オイルとして使われ、最近ではシリコーンゴムがキッチン用品に使用されています。では、シリコーンはなぜ耐熱性が高いのでしょうか。

それは、シリコーンの骨格が一般的な樹脂と異なることに由来します。

シリコーンの骨格はケイ素と酸素から作られたシロキサン結合（Si-O-Si）からなり、石英やケイ酸塩鉱物などの無機材料の骨格と同じです。この点が、炭素と炭素や、炭素と酸素のつながった骨格からなる一般的な樹脂とは大きく違うところです。

もう少し具体的に説明すると、ケイ素と酸素はお互いに強く引き合う性質があるため、その結合は、炭素と炭素の結合の強さに比べ約25～60％ほど強く、高温の環境下でもその結合が壊れることがなく、耐熱性に優れています。

例えば、シリコーンゴムと一般の有機系ゴムの耐熱性を比較すると、天然ゴムは100℃、一般の有機系ゴムは150℃を超えると短時間に劣化して使用できなくなりますが、シリコーンゴムは180℃を超える温度でも長時間の使用が可能です。

とは言ってもシリコーンの耐熱性にも限界はあります。それは、炭素成分からなる有機基がシリコーンの骨格に結合しているためで、200℃を超えるとその部分が酸素と反応して熱劣化を起こします。

シリコーンは耐熱性に優れてはいますが、有機化合物であることに変わりはありません。従って、一般的な有機系材料と同様に燃焼し、分解します。

しかし、一般的な有機系ゴムのような黒煙や有毒なガスの発生がほとんどなく、燃焼後はシリカ（SiO_2）が残るため、安全性が要求される用途に幅広く使用されています。

要点BOX

- シリコーンの耐熱性は、無機材料と同じ骨格を有することに由来する
- 燃焼時、黒煙や有毒なガスの発生がほとんどない

元素の周期表

周期＼族	1	2	3	4	5	6	7	8	9	10	11	12	13	14	15	16	17	18
1	1 H																	2 He
2	3 Li	4 Be											5 B	6 C	7 N	8 O	9 F	10 Ne
3	11 Na	12 Mg											13 Al	14 Si	15 P	16 S	17 Cl	18 Ar
4	19 K	20 Ca	21 Sc	22 Ti	23 V	24 Cr	25 Mn	26 Fe	27 Co	28 Ni	29 Cu	30 Zn	31 Ga	32 Ge	33 As	34 Se	35 Br	36 Kr
5	37 Rb	38 Sr	39 Y	40 Zr	41 Nb	42 Mo	43 Tc	44 Ru	45 Rh	46 Pd	47 Ag	48 Cd	49 In	50 Sn	51 Sb	52 Te	53 I	54 Xe
6	55 Cs	56 Ba	57-71 ランタノイド	72 Hf	73 Ta	74 W	75 Re	76 Os	77 Ir	78 Pt	79 Au	80 Hg	81 Tl	82 Pb	83 Bi	84 Po	85 At	86 Rn
7	87 Fr	88 Ra	89-103 アクチノイド	104 Rf	105 Db	106 Sg	107 Bh	108 Hs	109 Mt	110 Ds	111 Rg	112 Cn	113 Nh	114 Fl	115 Mc	116 Lv	117 Ts	118 Og

ランタノイド（57～71）	57 La	58 Ce	59 Pr	60 Nd	61 Pm	62 Sm	63 Eu	64 Gd	65 Tb	66 Dy	67 Ho	68 Er	69 Tm	70 Yb	71 Lu
アクチノイド（89～103）	89 Ac	90 Th	91 Pa	92 U	93 Np	94 Pu	95 Am	96 Cm	97 Bk	98 Cf	99 Es	100 Fm	101 Md	102 No	103 Lr

結合エネルギーの比較

（炭素―炭素結合の強さを1とした場合）

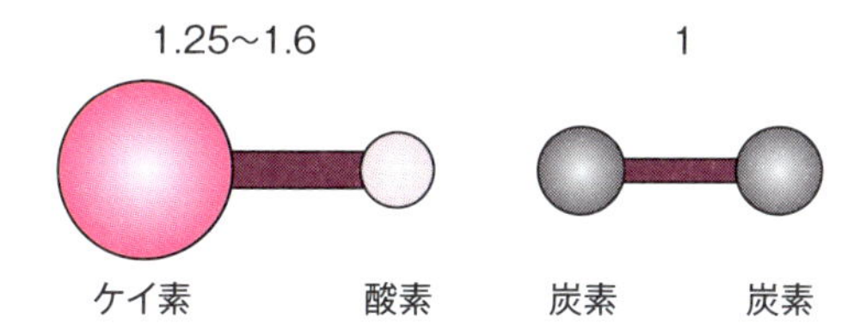

シリコーンゴムの使用温度と可使時間

温度（℃）	連続使用時間（hr）
150	15,000
200	7,500
260	2,000
316	100～300
371	0.5～1

6 特異な性質を発揮する秘密は「らせん構造」

特長的な分子構造を持つシリコーン

シリコーンは一般的な樹脂と比較して特異的な物理特性を示します。具体的には、撥水性・消泡性・離型性などの特徴的な界面特性を持ちます。また、ガス透過性が高いのもシリコーンの特長です。さらに、耐寒性に優れ、粘度など各種特性の温度依存性が小さいといった性質を示します。これらの性質はどのようにして生まれるのでしょうか。

ここでは、シリコーンの特徴的な分子構造に基づいて説明します。

シリコーンの骨格は5項記載のように、ケイ素と酸素の結合(Si-O結合)の繰り返しからなります。ケイ素は、電子を引き付ける強さが酸素と比べ小さいため、シリコーンの骨格はケイ素がプラスに、酸素がマイナスに大きく偏り、イオン性の性質を持っています。一般的な樹脂の骨格である炭素—炭素同士の結合ではこのような性質は持っていません。

また、シリコーンはイオン性の高いSi-O結合を骨格部分に持ち、非イオン性の有機基が骨格に結合したような構造を持っています。そのうえで、Si-O結合を内部に向け、有機基を外側に向けることで「らせん構造」をしています。このらせん構造は、イオン性の引き合う力により安定化し、Si-O結合が6個で1回転していると言われています。

このようにシリコーンは、対照的な性質(イオン性の骨格と非イオン性の有機基)を同一分子内に持っています。また、イオン性の骨格が非イオン性の有機基により覆われており、そのらせん構造が安定していることで、シリコーン分子同士の引き合う力が弱いものとなっています。

冒頭で紹介した諸特性はこのような構造に由来するものです。これらの特性を利用して、シリコーンは後述するコンタクトレンズ(15項)や船舶用の海洋生物付着防止塗料(19項)、消泡剤(26項)・剥離剤(28項)などの幅広い用途に使用されています。

要点BOX

●シリコーンは撥水性・消泡性・離型性・ガス透過性を持ち、イオン性の骨格と非イオン性の有機基からなる

シリコーンの特長

シロキサン結合による特長

耐熱性、耐候性、
電気特性、難燃性

らせん構造による特長

撥水性、耐寒性、消泡性
離型性、圧縮特性
ガス透過性
温度依存性が小さい

シリコーンのらせん構造

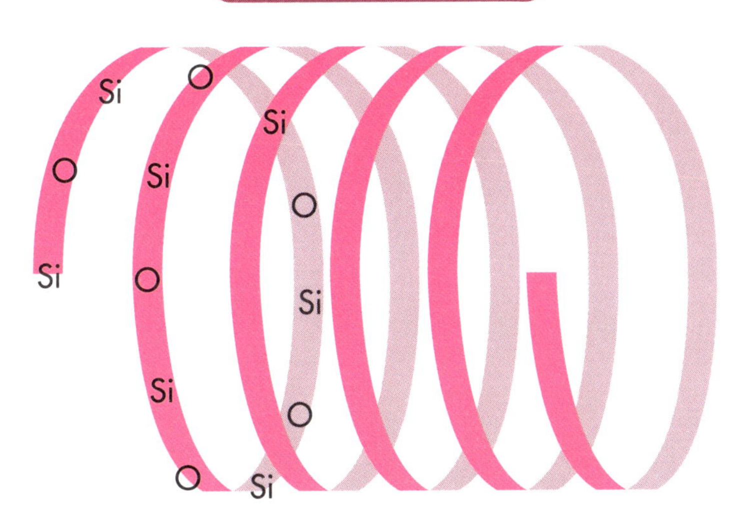

7 ケイ素の4本の手がシリコーンの形態を変える

オイル・レジン・ゴムと多様な製品形態

シリコーンを構成するケイ素は、炭素と同じように他の元素と結びつく手を4本持っています。この4本の手はそれぞれ酸素や有機基と結びつき、その組み合わせから多様な分子構造を作り出すことができます。

シリコーンは、ケイ素が結合している酸素の数によって4つの構成単位に分けられます。4本の手のうち、1本が酸素（あるいは酸素に置き換わりやすい塩素などの元素）と結合しているケイ素をM単位といいます。同様に、2、3、4本の手が酸素と結合しているものをそれぞれD、T、Q単位といいます。酸素は手が2本あるため、さらに他のケイ素とつながることができます。一方、酸素と結合していない手は有機基と結合しています。有機基は手が1本のものが使われるため、他のケイ素とつながることはありません。

シリコーンオイルは、M単位とD単位を組み合わせた線状のポリマーです。D単位の数が小さいものは、水のように流れやすい液体となり、D単位の数が1500程度になると水あめのように粘性の高い液体になります。さらに、8000程度になるとガム状となります。

硬くて変形しにくいシリコーンのことをシリコーンレジンといいます。あるいは、硬くなる反応を起こす前のやや小さい分子もシリコーンレジンと呼ぶことがあります。T単位やQ単位を含む分岐状構造を有しているため、固体状となります。

シリコーンゴムは柔らかくて、変形しても元に戻るシリコーンです。シリコーンオイルとシリコーンレジンの間のような物性をしています。構造としても同様で、シリコーンオイル同士が部分的につながったような形をしています。

シリコーンは、このように構成単位を自由に組み合わせることによって、オイル、レジン、ゴムといった多様な製品形態を生み出すことができます。この特徴は、一般的な有機高分子材料と大きく異なります。

要点BOX

●M、D、T、Q単位の組み合わせでシリコーンの性状を自在にコントロールできる

シリコーンの基本単位

M単位

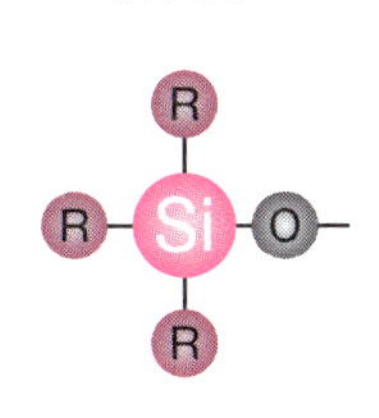

D単位

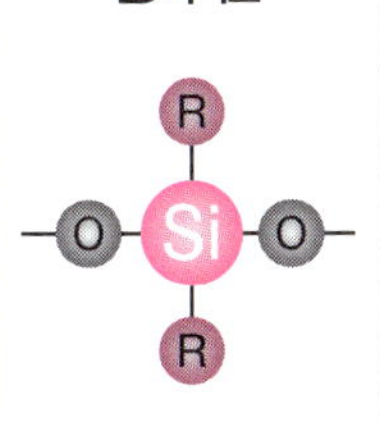

T単位

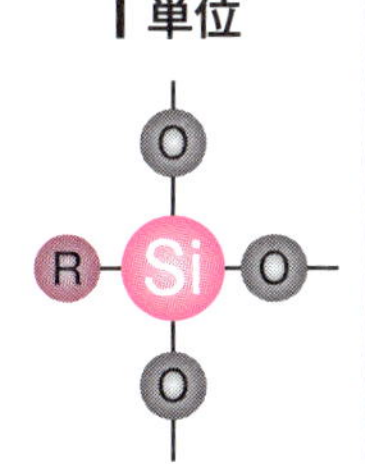

Q単位

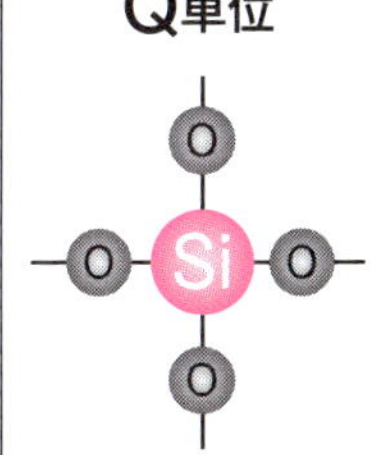

R：有機基

シリコーンオイルの構造

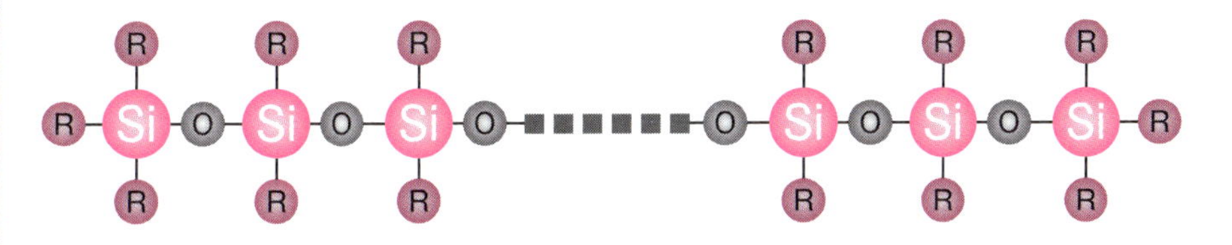

シリコーンレジンの構造

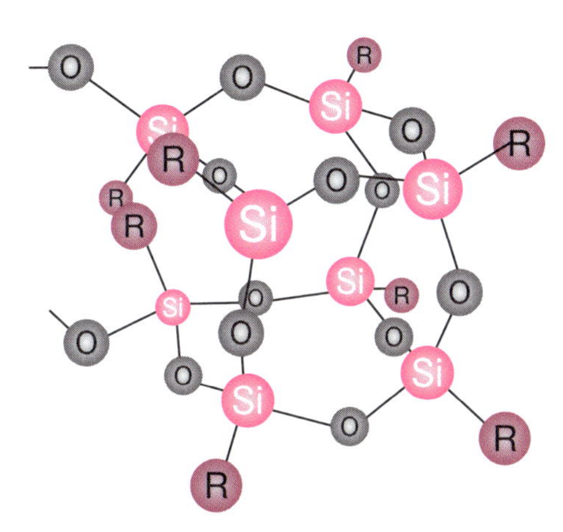

8 低温でも固まらないシリコーン

分子が他の分子に影響されずに自由に動く

合成樹脂（有機高分子化合物）は、私たちの身のまわりの様々な製品に使用されています。皆さんはシリコーンと聞くと台所で見かけるゴム状の容器や器具を思い浮かべる人もいるかもしれませんが、シリコーンは固体状だけではありません。シャンプーやリンス、また化粧品の成分としてシリコーンオイルが使われています。では、なぜシリコーンは同じ有機高分子の中でも、固まりにくいのでしょうか。

水や油は分子が短く、動きやすいために液体ですが、高分子も結局、いかに動きやすいかが融点の高低を決定する要因になります。ここで合成樹脂を2種類に分けましょう。一つは熱硬化性樹脂、もう一つは熱可塑性樹脂です。

熱硬化性樹脂は一般的に線状の長い分子同士が架橋しており、加熱しても溶けませんが、熱可塑性樹脂は分子同士が架橋していないため、加熱すると容易に軟化します。この熱可塑性樹脂が固体状になる理由は、①結晶性（極性）がある②分子間の距離が短いの2点が挙げられます。ところが、シリコーンは分子が自由に動き、まわりをメチル基で覆われているため、分子が他の分子に影響されず動き回ることができるため固まらないのです。

シリコーンは通常、融点がマイナス45℃。分子鎖の周りに大きな置換基を付け結晶性を低下させることにより、マイナス123℃のガラス転移温度まで固化しなくなります。

また、この液状シリコーンは架橋することによりゴムになりますが、架橋によりその低温特性（融点、ガラス転移温度）はほとんど影響しません。

液状のシリコーンは、低温でも固まらない性質と、さらに高分子ですので沸点も高いといった性質の両方を兼ね備え、広い温度領域で液状を示します。この性質を活かして、薬品や化合物を合成する際の冷媒や熱媒として使用されています。

要点BOX
- ●シリコーンは低温下でも物性変化が小さい
- ●低温環境下で使用されるオイルやゴムとして有用

通常の高分子とシリコーンの違い

通常の高分子

①分子が硬い
②分子間の相互作用が強い

シリコーンの分子

①分子が自由に動く
②分子間の相互作用が弱い

9 シリコーンが実現するすごく伸びるゴム

安全性が高く複雑な形状も成形できる

引っ張るとよく伸びて、手を離すと縮まって元の形に戻る性質をゴム弾性と言います。シリコーンポリマーから作られるゴムがシリコーンゴムで、その原料は線状のシリコーンポリマーです。

このシリコーンポリマーは、化学的に結合するための有機基というものを持っています。ポリマーが持っている有機基を反応させ、他の有機基と繋げる（架橋させる）ことで、線状のポリマーが網目状となり、立体的に組み立てられてシリコーンゴムになるのです。

例えば、架橋の網目が密になるようにすれば硬くてあまり伸びないゴムになります。逆に架橋の網目が粗くなるようにすれば、柔らかくて良く伸びるゴムになります。ゴムが使われる用途によって、ちょうどよい物性になるようにポリマーの段階から設計できます。

シリコーンゴムの用途の一つに、バルーンカテーテルという医療用の器具があります。血管の中を通す非常に細いシリコーン製のチューブで、先端には風船状に膨らませることができるバルーンが設けられています。チューブの先端が目的の場所に届いたところで空気を入れてバルーンを膨らませ出血を止める器具です。バルーンは血管の中をスムーズに通すため、移動中は小さい必要がありますが、目的の場所では大きく膨らませなくてはいけません。こんなところには、元の長さの10倍以上となるようなよく伸びるゴムが使われます。人体に対して安全性が高く、また、複雑な形状でも成形ができるシリコーンゴムが役立っています。

また、建築分野の防水シーリング材に使われるシーラントでも10倍以上伸びるシリコーンゴムが使われます。高層ビルなどでは、大型のサッシやガラスが使われますが、昼夜や四季の温度差によるサッシとガラスの熱膨張率の違いからズレが生じてきます。また、突風や地震などでは一時的に大きなズレが発生します。このようなズレによる変形を、すごく伸びるシリコーンゴムが受け止めています。

要点BOX

- ●シリコーンの分子設計により、非常によく伸びるゴムを作ることができる
- ●高伸長ゴムは、医療、建築等、様々な用途がある

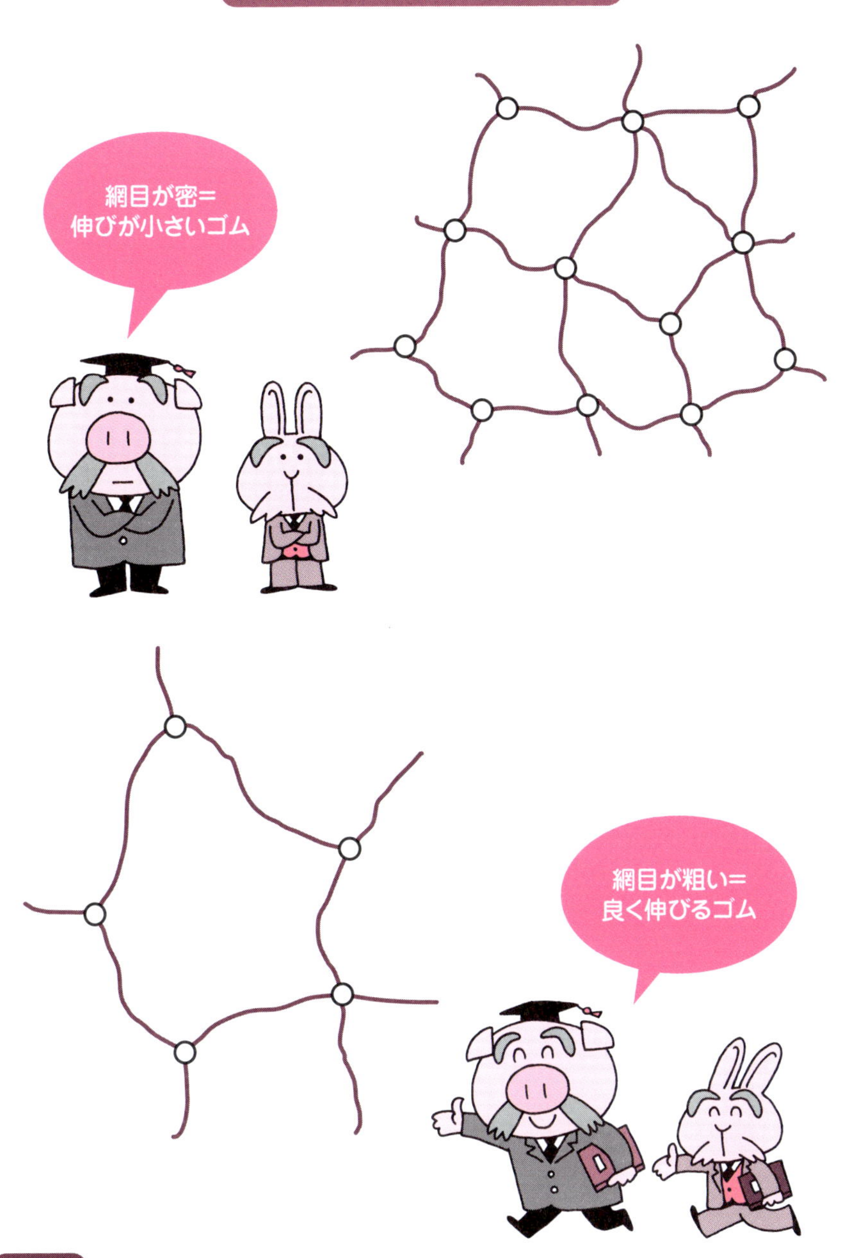

用語解説

ポリマー：重合体のことで、モノマー(単量体)と呼ばれる基本単位が多数結合してできた大きな分子のこと。

10 シリコーンゴムなら絶縁と導電できる

シリコーンは絶縁性に優れる

絶縁とは電気を通さない性質、導電とは電気を通す性質です。シリコーンは、一般的な樹脂と比較して高い絶縁性を持っています。

一般的な樹脂は、炭素―炭素、炭素―酸素、炭素―硫黄結合の繰り返し単位からなるのに対して、シリコーンはケイ素―酸素結合という非常に結びつきの強い結合からなっています。そのため、電気のエネルギーを与えられても破壊されにくく、様々な環境で安定した電気絶縁性を発揮することができます。このような特長を活かして、シリコーンオイルは新幹線のトランス絶縁油、シリコーンレジンは電子基板のコーティング剤に使われています。

また、一般的な有機系ゴムはゴムの強度を高めるためにカーボンを使うのに対して、シリコーンゴムはシリカが多く用いられます。カーボンは導電性であり、シリカは絶縁性のため、シリコーンゴムは高い強度を持ちながら絶縁性を維持することができます。シリコーンゴムは熱的に強く、耐久性も良いため、電気・電子部品の接着やシール、耐熱電線の被覆、自動車の電装部品まわりの絶縁ゴム部品にも使われています。

一方で、絶縁性の高いシリコーンゴムに導電性の成分を混ぜることで、導電性のシリコーンゴムを作ることもできます。導電性の高いカーボン・金・銀などの粉末を混合してから架橋させることで、耐熱性・耐寒性・化学的安定性といった他の性能を損なわずに、導電性を持つシリコーンゴムを得ることができます。パソコンなどのキーボードでは押しボタン部分に耐久性と絶縁性の高いシリコーンゴム、スイッチの接点部分には導電性のシリコーンゴムと、絶縁性シリコーンゴムと導電性シリコーンゴムが一緒に使われています。

その他にも電気的な特徴を持つシリコーンゴム製品として、静電気を帯びにくい帯電防止ゴム、電波や電磁波を通さない電磁波シールドゴムなどもあり、私たちの身の回りの様々な場所で使われています。

要点BOX

- 導電性の成分を混ぜることで、導電性シリコーンゴムを作ることもできる
- 帯電防止ゴムや電磁波シールドゴムなどもある

絶縁（左）と導電（右）のイメージ

シリコーンゴムの中で、カーボン、金、銀などの導電性粒子が
つながると電気の流路が完成して、電気が流れるようになる。

シリコーンの絶縁性と導電性を活かした使用例

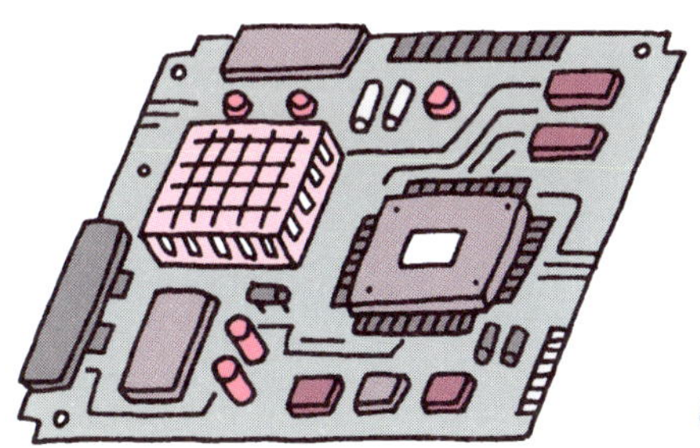

プリント基板の
防湿・絶縁コーティング

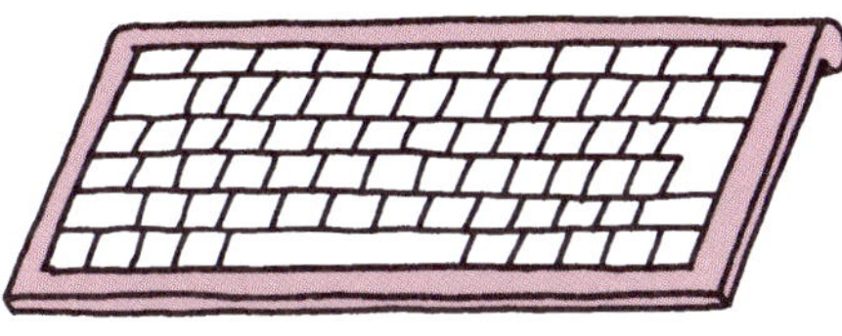

キーボードのキーパット

Column

シリコーンは水田で作られる!?

2009年に米国スクリプス研究所のPhil Baranらの研究グループはRedox economyという概念を提唱しました(Angew. Chem. Int. Ed. 2009, 48, 2854)。化学プロセスにおいて酸化・還元反応をできるだけ避けるように反応を選択し、無駄な酸化・還元反応を少なくしようという考え方です。4の項目で見たように、シリコーンの製造では、ケイ石から金属ケイ素を経て(還元プロセス)、金属ケイ素からシリコーンを得る(酸化プロセス)、という工程を経ています。Redox economyの考え方に従うと、この2つの反応プロセスのうち、前者の還元プロセスは無駄であるともいえます。ケイ石から金属ケイ素を経ることなく、シリコーンを製造することができればシリコーン工業におけるエネルギー効率が大幅に改善するとともに、低コスト化が実現できます。そして、世界中のどこででもシリコーンが製造できるようになると考えられます。実際に、ケイ石と同じ化学組成を有する「シリカ」からテトラメトキシシランを合成する手法が産業技術総合研究所の深谷らの研究グループから報告されています(Chem. Lett. 2016, 45, 828)。同報告では、興味深いことに、「もみ殻の灰」をシリカ源として使用できることが示されています。「もみ殻の灰」に対して水酸化カリウム存在下、二酸化炭素雰囲気(2MPa)でアセタールと240℃で24時間反応すると68%の収率でテトラメトキシシランが得られることが報告されています。この反応の効率が高まれば、シリコーンは「油田」ではなく「水田」を供給源とした化学工業品になるかもしれませ

第2章

シリコーンオイルは“魔法のオイル”

11 シリコーンオイルってどんなもの？

サラサラの液状から水飴状まで

シリコーンオイルは、その名の通り、オイル状のシリコーンのことを指します。シリコーンオイルは植物油や鉱物油とは異なり、ケイ素原子（Si）と酸素原子（O）が交互に結合したシロキサン結合と呼ばれる骨格を持っています。

シリコーンオイルは実際に皆さんの目に直接見えないところで、電気・電子、自動車、事務機、化粧品、化学、繊維、建築など、さまざまな産業分野に使用されています。

シリコーンはケイ石と呼ばれる鉱物（日本でも河原などでよく見ることができる）を主原料として、複雑な化学反応を経て得られますが、この反応工程で様々な種類のシリコーンオイルを合成することができます。最も一般的なのは、シロキサン結合を構成するケイ素原子にメチル（CH_3）基が結合した（ケイ素原子は結合する手を4本持っていて、2本はそれぞれ隣の酸素原子と結合し、残り2本の手にメチル基が1個ずつ結合する）ジメチルシリコーンオイル（ジメチルポリシロキサン、ジメチコンとも呼ばれる）です。

このジメチルシリコーンオイルには、「無色・透明・無味・無臭・生理的に不活性（安全性が高い）・低表面張力・撥水性・耐熱性と耐候性に優れ、低温でも液体」の特性があり、さらにシロキサン結合の長さ（重合度）を変えることで、サラサラの液体から水飴状までの粘度とすることができます。

ジメチルシリコーンオイルは、水や一般の油と混じることがなく、他の化合物と反応することもありませんが、ケイ素に結合したメチル基を親水性基や親油性基に変えれば、水や油になじむようになり、また、反応性基に変えれば他の化合物と反応させることができるようになります。

このように求める特性や使用目的に応じて自由に分子設計ができ、さまざまな用途に応用できるシリコーンオイルは魔法のオイルとも言えます。

要点BOX

- 重合度を変えることで、低粘度の液体から固体に近い水飴状まで作り分けが可能

シリコーンオイルの種類

シリコーンオイル	ストレートシリコーンオイル	ジメチルシリコーンオイル $CH_3-\overset{CH_3}{\underset{CH_3}{Si}}-O-\left[\overset{CH_3}{\underset{CH_3}{Si}}-O\right]_n-\overset{CH_3}{\underset{CH_3}{Si}}-CH_3$
		メチルフェニルシリコーンオイル $CH_3-\overset{CH_3}{\underset{CH_3}{Si}}-O-\left[\overset{CH_3}{\underset{CH_3}{Si}}-O\right]_m\left[\overset{C_6H_5}{\underset{C_6H_5}{Si}}-O\right]_n-\overset{CH_3}{\underset{CH_3}{Si}}-CH_3$
		メチルハイドロジェンシリコーンオイル $CH_3-\overset{CH_3}{\underset{CH_3}{Si}}-O-\left[\overset{H}{\underset{CH_3}{Si}}-O\right]_n-\overset{CH_3}{\underset{CH_3}{Si}}-CH_3$
	変性シリコーンオイル	反応性シリコーンオイル
		非反応性シリコーンオイル

シリコーンオイルは
幅広く使われて
いるんだね

12

シリコーンオイルは大きな負荷に強い

ダンパー・動力伝達液

ダンパーは、急な動きや衝撃を抑制するための装置や部品で、ドアの開閉部、便座や自動車のカップホルダーなどに使われています。便座のフタがゆっくりと閉じるのはダンパーの効果と言えます。高粘度のシリコーンオイルやそれにシリカ粉末を加えてグリース状にした製品がこのような部品に使用されています。また、オーディオセットの高級感を出すためにスライド式ボリュームにも使用されています。

ダンパーに使用されるオイルには、大きな負荷（せん断）がかかります。シリコーンオイルはせん断に対する抵抗力が高く、石油系オイルの20倍以上もあると言われており、高せん断負荷を受けても粘度低下が少ないのが大きな特徴です。

一般に多くの作動油や潤滑油は高圧下で極めて狭い間隙を通過すると、その時に受ける強いせん断力によって分子鎖の切断が起こり、粘度が低下する傾向がありますが、それに対してシリコーンオイルは分子間力の低さやシロキサン結合が強いため分子鎖の切断が起こりにくく、分解に対して強いためこのような用途に使用されます。

また、通常の鉱物油や合成油は、温度による粘度変化が大きく、低温で粘度が高くなり、高温になると急激に粘度が低下します。しかし、シリコーンは分子間の相互作用（分子間力）が小さいために、温度による粘度変化が少なく、冬場と夏場、あるいは寒冷地と高温地域でのダンパー作用がほぼ一定に保たれるのも使用される理由の一つです。

自動車のブレーキ液としてブレーキ部分に伝達する作動油や、エンジン冷却用ファンの回転を制御するファンカップリング用オイル、四輪駆動車のクラッチの一種であるビスカスカップリング中に封入するオイルとしてシリコーンオイルが使用されています。皆さんの見えないところでシリコーンオイルが使われているのです。

●シリコーンオイルは大きな負荷がかかっても、簡単に分解しない
●高温、低温での粘度変化も少ない

ダンパー用シリコーンの使用例

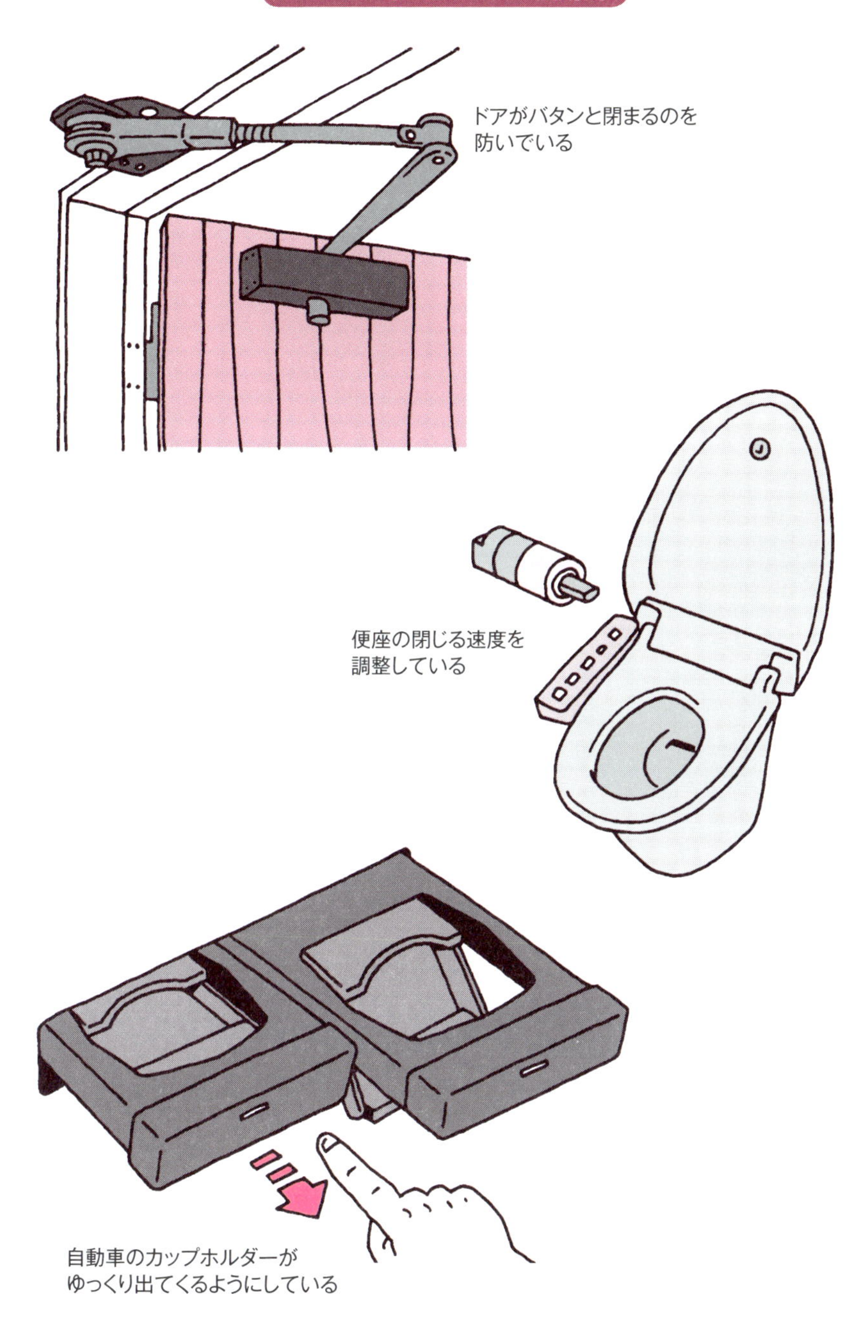

13 電気を絶縁し、耐熱性や難燃性も兼ね備える

シリコーントランス油

新幹線は、架線に流れている電流が2万5000ボルトの超高圧(特別高圧)なので、モーターを動かすのに適した安定な電圧まで下げる必要があります。この電圧を変換するための装置がトランス(変圧器)です。

変圧器の中には鉄心とコイルがあり、そのコイルを通過することで電圧を降下させます。コイルを通る電流を外へ逃がさないように、コイルは絶縁材料の中に納められています。また、電圧を降下させる際には、多量の熱が発生しますが、その熱を下げるために変圧器には冷却装置も組み込まれています。この冷却装置の冷媒として、さらにはコイルを絶縁するための材料としてトランス油が使われます。

トランス油に必要なのは以下の特性です。

・電気絶縁性であること(電気を通すとショートしてしまう)
・耐熱性に優れていること(長期間、高温にさらされても劣化してはいけない)
・難燃性であること(火災の危険があってはいけない)
・放熱性に優れていること(放熱性が悪いと冷却効率も悪くなる)
・低温時の流動性が良いこと(粘度が高いと装置内での循環性が低下する)
・機器に使用される材料を腐食させないこと

トランス油として使用されるものは、「電気絶縁油」としてJIS(日本工業規格)あるいはIEC(国際電気標準会議)で規格が決められており、シリコーンオイルをはじめ鉱油、アルキルベンゼンなどが規定されています。これらの中でもシリコーンオイルは、他の油に比較して引火点が高い、耐熱性に優れるといった特長があります。また、新幹線は人を乗せる乗り物であることから、安全性や耐久性といった特性も重要となります。このようなことから、新幹線のトランス油にはシリコーンオイルが使用されています。

要点BOX
●変圧器の冷却装置の冷媒にシリコーンオイルが使用され、高い絶縁性・耐熱性・難燃性が新幹線の安全性に寄与している

新幹線のトランスに使われるシリコーン

用語解説

絶縁性：体積抵抗率（Ω・m）で示される電気の通しにくさの性質。

14 コップ一杯の水に1滴で大きな変化

水滴が広がるのは低い表面張力がポイント

通常、農薬は農薬分散水としてスプレーノズルから霧状に散布したり、大規模になると、セスナ機から空中散布します。これらの方法は、機械的にできるだけ『偏りなく、多くの葉っぱに満遍なく付着させる』ための方策ですが、化学的に解決する方法として、水滴が水玉ではなく、葉っぱの上で薄くのばすと同じ効果で散布量を減らすことができます。この方法を可能にするのがシリコーン展着剤です。

シリコーン展着剤は、なんと、コップ1杯の水に1滴加えただけで広がる水に変身させることができるのです。

もう少しミクロの世界に目を向けてみましょう。水の分子式は『H_2O』、いわゆる水素が2つ、酸素が1つから構成されていますが、違う原子同士の組み合わせですので、どうしても電気的に偏りが生じます。これが『分極』です。1分子の中に磁石のプラスとマイナスが存在し、これが原因で分子同士がたくさんの磁石を集めた時と同じようにくっ付き合い、なかなか取れない状態になります。水はこの『分子間力』が油などの他の液体に比べ強いために、重力に打ち勝って丸い水玉になったり、コップより盛り上がってもこぼれないのです。

その分子の間に、磁石とは異なり極性を持たない分子が入ったらどうなるでしょう。当然、磁石同士の距離が遠くなると引力が2つの物質間に作用しなくなるのと同様に、水が水玉から流れる水になるのです。この仲介役がシリコーンです。

水の表面張力は73mN／mですが、シリコーン展着剤を加えることにより21mN／mまで下がります。これは、油よりも低い値です。

シリコーン展着剤は、少量で薬剤散布量を低減できることから世界中で使用されており、今後、環境や安全面からもさらに使用量の増加が見込まれています。

要点BOX

- ●展着剤を入れると、葉っぱの上の水滴が広がる
- ●シリコーン展着剤で農薬散布量を低減できる

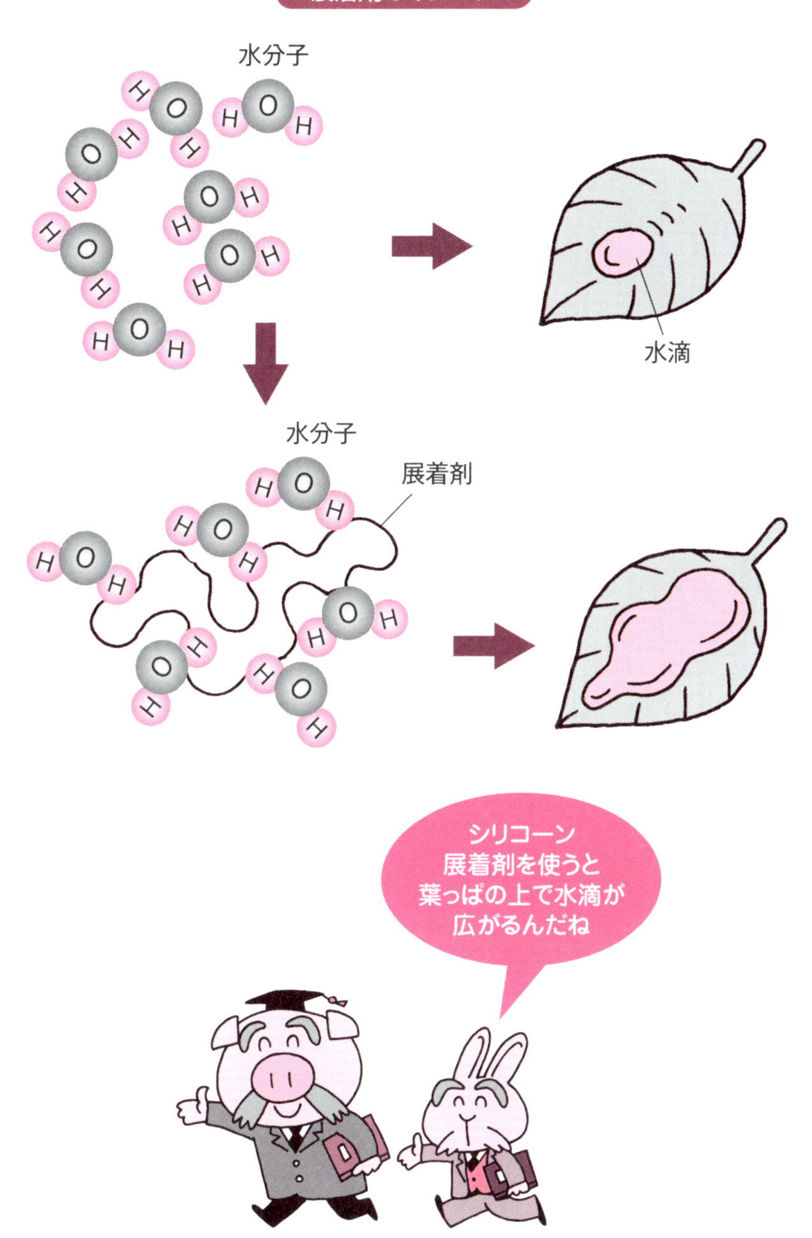

用語解説

展着：薬剤を広く伸ばしてものに付着させること、広く伸びて付着すること。

15 コンタクトレンズの装着感アップ

酸素をよく通すシリコーン

今や多くの人が装着しているコンタクトレンズ。初期のソフトコンタクトレンズは、どうしても装着時に角膜への酸素供給が不足しがちになり、最悪の場合、感染症や角膜内皮細胞障害、角膜血管新生などの合併症といった眼障害を引き起こすことがありました。

そこで着目されたのが酸素をよく通す性質をもつシリコーン素材です。コンタクトレンズは、大きく分けると、ハードコンタクトレンズとソフトコンタクトレンズの2つに区分されますが、今やシリコーンはその両方に使われています。

現在の主流となっているソフトコンタクトレンズは、近年までヒドロキシエチルメタクリレートという化合物から作られたハイドロゲルコンタクトレンズと呼ばれる含水型のゲル素材が広く使われていました。

しかし、このハイドロゲルコンタクトレンズの素材自体は酸素をほぼ透過しないものであり、角膜への酸素の供給は素材に浸み込んだ水が担うことになります。

そのため、当然のことながら、ハイドロゲルコンタクトレンズの酸素透過性は水の酸素透過性を超えることはなく、角膜への酸素供給量は十分なレベルではありませんでした。

そこで登場したのが、シリコーンハイドロゲルコンタクトレンズです。これは、画期的な技術でシリコーンと他の親水性モノマーとを共重合した材料であり、水よりも高酸素透過性のシリコーンを含むため、従来のハイドロゲルコンタクトレンズと比較して非常に高い酸素透過率とすることが実現可能となりました。

また、素材自体が酸素を透過するので、含水率を高くする必要性もなくなり、涙液もコンタクトレンズに奪われにくくなるため、シリコーンハイドロゲルコンタクトレンズは、ドライアイ対策としても効果的で快適な装着感を発揮しています。

要点BOX

- 水の酸素透過係数がDk=約90であるのに対し、シリコーンはDk=約600
- 高い酸素透過性が装着感を改善する

ハイドロゲルコンタクトレンズ

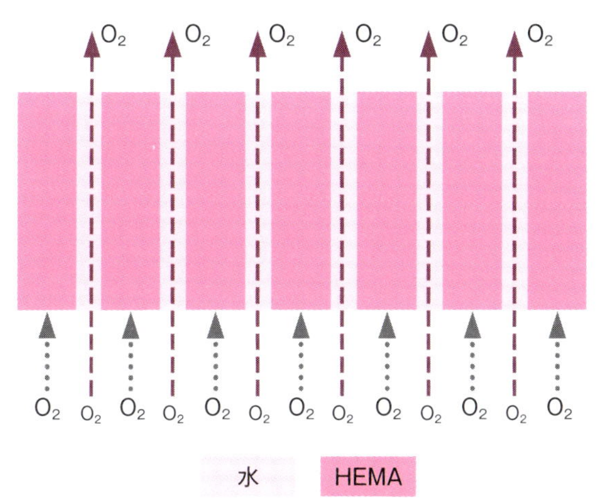

※高い含水率（乾燥感）

シリコーンハイドロゲルコンタクトレンズ

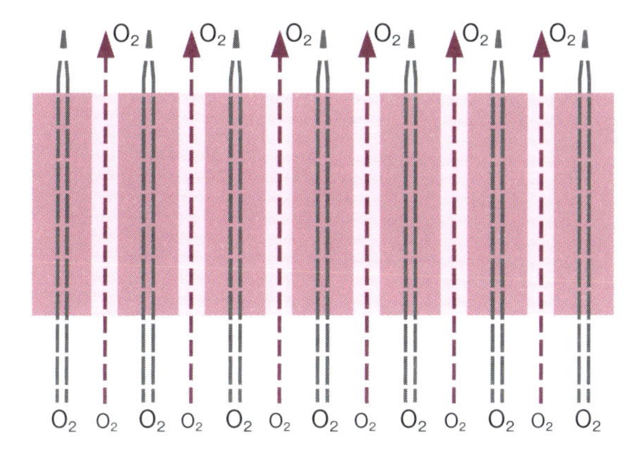

※低い含水率

用語解説

ヒドロキシエチルメタクリレート（HEMA）：歯科材料などにも使われる、低毒性の親水性モノマー
酸素透過率：レンズの単位面積当たりの酸素の通しやすさ、Dk/tで表される

16 軽くて伸びが良くベタつくこともない

化粧品用シリコーンオイル

ドラッグストアやデパートに行くと商品棚に様々な化粧品が並んでいる光景を目にします。

化粧品の容器を手に取って、裏面の成分表示を見ると多くの化粧品にシリコーンオイルが配合されているのがわかります。表示の中で、「ジメチコン」という名称が入っているものはシリコーンになります。

化粧品は肌に直接塗布するので、その安全性が特に重要となります。シリコーンオイルが使用されるようになった第一の理由は、非常に安全性が高い原料であるためです。そして、消費者が化粧品を選ぶ時には塗った時の感触も重要になってきます。ベタつきがなく、さっぱりとした感触が好まれる傾向にありますが、ここでシリコーンオイルが役に立つのです。一般的なオイル成分はサラダ油にイメージされるようなヌルヌルして重たい感触のものが多いのですが、低粘度のシリコーンオイルは軽くて伸びが良く、ベタつくこともほとんどなく、心地よい使用感が得られます。また、ファンデーションに代表されるメイクアップ化粧品にもシリコーンは使用されており、汗や皮脂で化粧が落ちたり崩れたりするのを防ぐ効果のある特殊な構造のシリコーンも使用されます。

化粧品の中にはシャンプーやコンディショナーのような髪に付着した汚れを洗浄したり、髪の毛をコーティングしたりするものもあります。ノンシリコーンシャンプーが一時期話題になりましたが、シャンプーには必ずしもシリコーンが必要ではありません。コンディショナーには高粘度のシリコーンオイルがよく使用され、髪の毛が傷んで、表面のキューティクルが剥がれることを防いでくれます。高粘度のアミノシリコーンを使用すると、アミノ基が髪の毛の傷んだ部分に吸着して、髪の上に薄いコーティング層を形成してくれます。コンディショナーを髪に塗布して洗い流した後の滑るような感覚や、乾かした後の艶やまとまった感触が得られるのはこのようなシリコーンによる効果なのです。

要点BOX

- ●高い安全性と使用感の良さからシリコーンが化粧品に配合されている
- ●高粘度のアミノシリコーンは髪一本一本を保護

シリコーンによる皮膜形成のイメージ

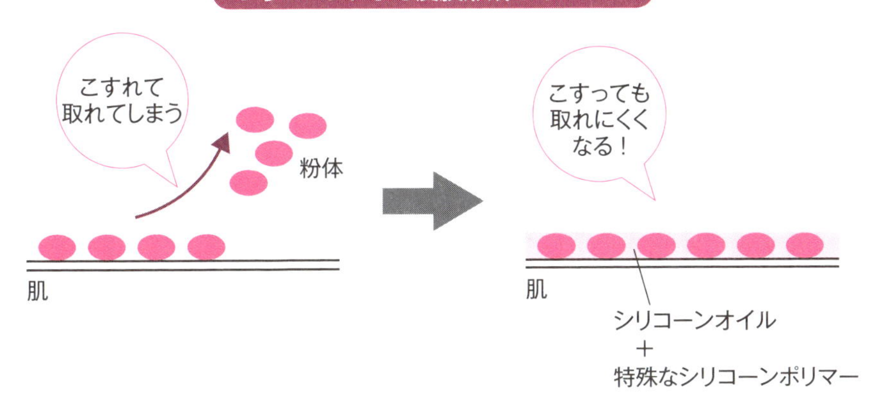

毛髪の比較

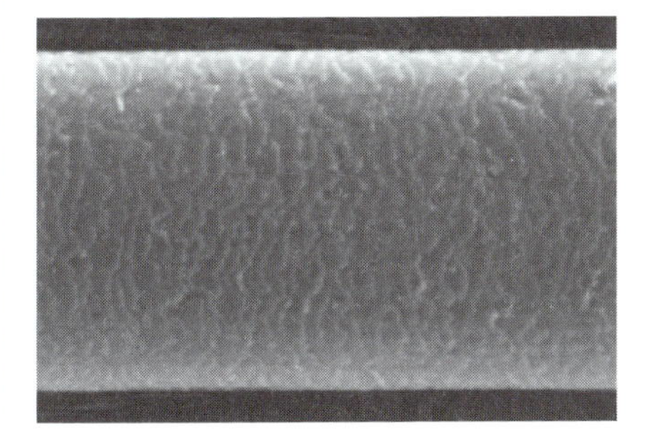

シリコーンで保護された毛髪

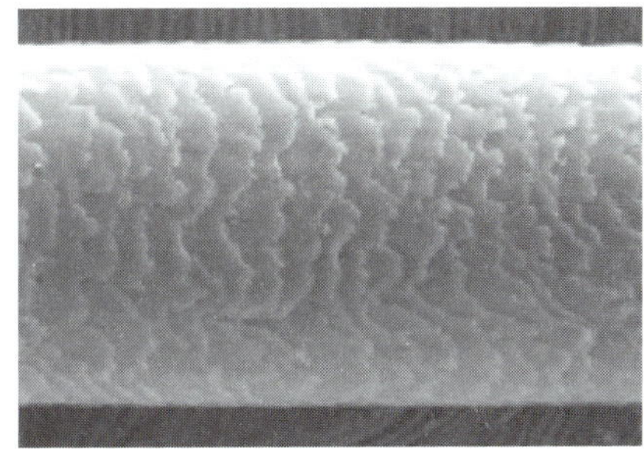

傷んだ毛髪

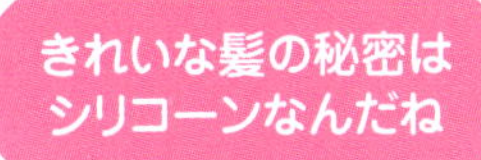

17 粉体処理にも使われるシリコーンオイル

UVカット化粧品の性能向上にシリコーンオイル

シリコーンオイルは、酸化チタンや酸化鉄などの無機粉体の表面処理剤としてよく使用されています。シリコーンオイルを処理しない無機粉体と処理した無機粉体ではどのような違いが出てくるのでしょうか。

一般的に無機粉体は粒子間の凝集力が強いため、塊になりやすい性質があります。シリコーンオイルを少量表面処理することによって、粉体の表面エネルギーを低下させて、粉体粒子間の凝集を防ぎ、流動性を向上させたり、粉体に耐湿性、撥水性を付与することが可能になります。

例えば、消火器にはリン酸二水素アンモニウムという粉体が使用されていますが、消火器の中で固まらないように、シリコーンオイルで処理されています。

また、無機粉体は化粧品用のファンデーションや塗料に配合されることがあります。例えば、シリコーンオイルで表面処理したタルク、セリサイト、マイカなどを配合した化粧品は皮膚の上での伸展性が良く、撥水性にも優れるため、化粧崩れを起こしにくくなります。また、シリコーンオイルで表面処理した酸化チタンは合成樹脂や塗料など有機溶剤への分散性に優れるため、成形物や塗膜の性能を向上させたり、酸化チタンの充填量を増やすことが可能になります。

外出時に紫外線対策としてUVケア化粧品を塗るケースが多くなっていますが、数年前までは塗った部分が白くなって、違和感がありました。最近は塗っても透明感があり、肌の色を損ないません。これは、紫外線をカットする酸化チタンや酸化亜鉛の粒子が凝集せず、分散した状態が保たれているためであり、シリコーンオイルが活躍しています。

無機粉体の表面処理剤として使用されるシリコーンオイルは、ジメチルシリコーンオイル、メチルフェニルシリコーンオイル、アルコキシ基を持つジメチルシリコーンオイルなどがあり、粉体に表面処理した後、必要に応じて焼き付け処理が行われます。

要点BOX

●シリコーンが消火器等に使われている粉体の凝集（固まる）のを防いでいる

粉体の流動性の改良

左：シリコーンオイルを処理した無機粉体、右：未処理の無機粉体

粉がサラサラになるイメージ

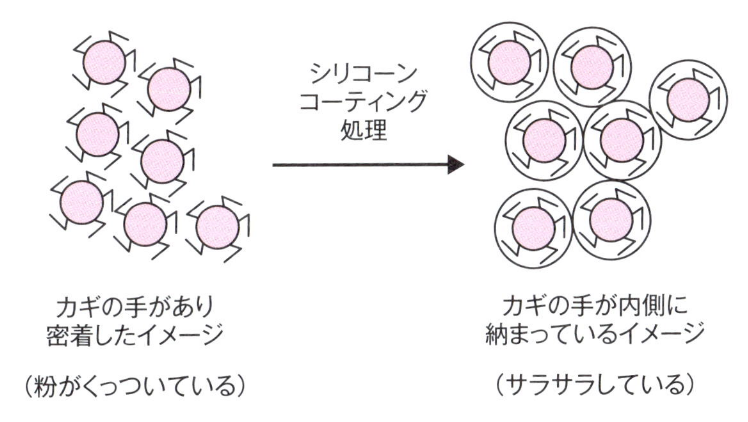

18 車のツヤ出しにはシリコーンが最適

低粘度・耐候性・平滑性をあわせもつ

　自動車には、アスファルトや土、泥、埃、砂ぼこり、排気ガス、タイヤの摩耗物、工場や農場からの飛散物、工場排煙といった汚染物質が付着し、さらに、酸性雨や日光にさらされます。これらは、車のボディの美観を損なうばかりでなく、水洗いで落ちにくいものをそのまま放っておくと、塗膜の劣化が進んでツヤがなくなってしまいます。これらの汚れを除去しやすくしたり、塗装面の劣化を防いだりするため、あらかじめ保護膜を作るのがワックスですが、それと同時に車のボディの最表面に透明で平滑な薄い被膜を形成することで、光の乱反射を抑制し、鮮やかでむらのないツヤを出すことができます。

　カーワックスの主成分は、炭化水素やカルボン酸といった有機物の油脂の固形物で、具体的にはカルナバワックスのような天然物やパラフィンなどの合成物が使用されます。

　しかし、これらの有機物単独では希望するツヤを出すために、固形のワックスを何度も丁寧に塗らなければなりません。また、劣化が早いために、平均的な持続効果は1カ月程度といわれています。

　シリコーンオイルは、油剤の表面張力を低下させる働きがあるので、ワックス成分と混合したときに、表面の平滑性が向上します。そのため、伸ばしたワックスの表面が平らになりやすく、表面の微妙な凹凸が低減されます。この効果で、ワックスのツヤが出やすくなるのです。

　さらに、変性されたシリコーンオイルを使用することで、その性能をさらに高めることができます。例えば、アミノ変性シリコーンオイルでは、塗装面との親和性を向上させることで、シリコーンオイルの脱落を抑制させ、持続性を持たせることができます。

　このように、カーワックスの高機能化、高性能化を図るために、シリコーンオイルは重要な役割を果たしています。

要点BOX

- 気温に関わらず、塗るときに伸ばしやすく、塗った後に、日光や酸性雨による劣化が遅い
- 表面張力が低く、時間とともに薄く、平らに

車のツヤ出しに最適なシリコーン

車の塗装表面のイメージ

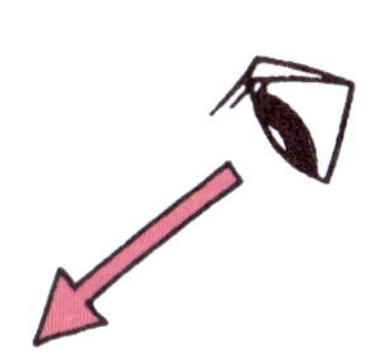

ボディ	ボディ
従来の固形ワックス	特殊シリコーン配合ワックス
平坦性が出にくく、かつ劣化しやすい	表面の平滑性・塗装表面との密着性が良い

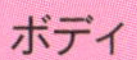

19 海洋生物の付着を防止するシリコーン

撥水性、平滑性、弾性の特性がカギ

船の底に貝や海草といった様々な生き物が付着しているのを見たことはありませんか。それをそのままにしておくと、それらは大きな塊となり続け、走行中の安定性や燃費などが問題となります。そのため、船舶のメンテナンスにおいては、小型・大型を問わず定期的に船底を清掃し、付着物を抑制する塗装を施すことが必要となっています。

その昔は、有機スズ化合物のような毒性の強い化合物を塗料に配合して、海洋生物が付着しないような対策が取られていましたが、海洋環境に与える影響が国際的に大きな問題として取り上げられ、様々な議論を経て、2003年に有機スズ化合物の使用に制限がかけられた後、現在ではIMO（国際海事機関）条約により使用が禁止されています。

そこで、海中に拡散しても毒性のない、安全な海洋生物付着防止剤として注目されたのがシリコーン材料です。船底塗料メーカーの研究調査により、海洋生物の付着防止には、基材表面を水が弾く性質（撥水性）、滑らかに（平滑性）、柔らかく（弾性）することが有効であることがわかり、いずれの特性も持ち合わせている材料がシリコーンです。

最近では、同じく毒性が懸念されている亜酸化銅を配合しない船底塗料が開発されており、亜酸化銅の色であった赤褐色の船底ではなく白色の塗料も見られるようになってきました。特殊シリコーン技術の導入により、防汚化合物を含まなくても、海洋生物が付着しにくく、たとえ付着したとしても船舶の航行による海水の抵抗で容易に離脱するという画期的なメカニズムを実現しています。

先に述べたように、シリコーンは船底塗料表面を効率的に改質することが可能で、しかも安全性が高いといった特長があることから、現在では多くの船の船底塗料や漁網用防汚剤として欠かせない材料となっています。

要点BOX

●付着生物が分泌する接着液を弾き、水の抵抗を低減し船舶の燃費を向上させ、水流によって海中生物の足場が変形し剥がれやすくなる

シリコーンを使った防汚塗料が塗られている船底部

吹付け塗装の様子

20 自動車の信頼性向上に貢献するグリース

低温から高温まで安定した潤滑性を発揮

シリコーングリースは、シリコーンオイルを基油として、各種の増稠剤（ぞうちょうざい）により増粘化させてペースト状にしたものです。必要に応じて添加剤を加えることもあり、それによって、様々な特性を持たせることができ、特性・用途別に、潤滑用、粘着用、電気絶縁・シール用、放熱用に分けられます。

自動車用途には、潤滑グリースや粘着グリースが使われることが多く、最近では、自動車のエレクトロニクス化・電動化により、放熱グリースが多用されています。ここでは、自動車の信頼性向上に貢献している潤滑グリースを紹介します。

代表的な潤滑グリースの主成分は、潤滑油としてのシリコーンオイルと金属せっけんからなる増稠剤です。金属せっけんとしては、リチウムせっけんが広く使われています。潤滑グリースのミクロ構造は、網目構造のせっけん繊維の隙間にシリコーン油分が毛管力により保持された形になっており、基本の2成分がそれぞれ独立性を持ちながら、適度に相互作用を持って存在しています。ここで使用される金属せっけんは普段、私たちが手を洗うときに使用するせっけんとは少し違い、水に溶けることはなく、汚れを落とす界面活性剤としての効果もありません。

一般の潤滑グリースは、鉱物油を潤滑油として使用した製品が多く、これと比較してシリコーン系の潤滑グリースの特徴は、低温から高温まで広い温度範囲で安定した潤滑特性を示すこと、耐水性・撥水性があることなどです。使用温度範囲は、低温はマイナス60℃から、高温は200℃までです。これはシリコーンオイルが低温でも粘度変化が少なく、耐熱性にも優れている特長があるためです。

潤滑グリースは、金属ベアリングのような金属同士の潤滑に使われています。また、プラスチックにストレスクラックを引き起こさないように設計されたプラスチック用のシリコーン潤滑グリースも開発されています。

要点BOX
- ●シリコーンオイルを金属せっけんでペースト状にしたものが自動車部品に使用されている

シリコーングリースが使われている部分

ベアリングの潤滑

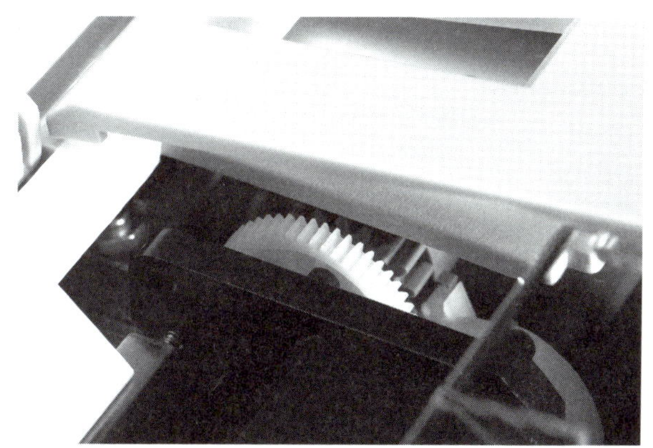

プラスチックギア部の潤滑

シリコーングリースは
必要に応じて添加剤を加え、
様々な用途に対応させること
ができるんだね

21 プラスチックを進化させるシリコーン

柔軟で燃えにくい性質をもつ

携帯電話の筐体や旅行用スーツケース、スポーツ用品などには、ポリカーボネート樹脂というプラスチックが多く使用されています。これは、軽くて強い特性が求められた結果ですが、一方で衝撃や傷に弱く、燃えやすいという欠点があります。

過酷な環境で使用すると表面にキズが増え、時には衝撃によってヒビが入ることがあります。また、何らかの理由で発火した場合、燃え広がり、火災となる危険性もあります。これらの問題を解決するため、このポリカーボネート樹脂をシリコーンで改質する方法があります。シリコーンは樹脂として柔軟で、また、燃えにくい性質があるので、その特長をポリカーボネート樹脂に付与するものです。

改質方法は、単純にシリコーンを混ぜるだけで改良できることもあれば、プラスチックを製造するときにシリコーンを一緒に化学反応させなくてはいけない場合もあります。また、化学反応のさせかたも、「ブロック共重合体」というプラスチックを構成する分子骨格に組み込む方法もあれば、「グラフト共重合体」というプラスチックを構成する分子骨格にぶら下げる方法もあります。

各プラスチック材料の特徴をよく理解し、どのような性質を付与したいのかで改質方法が異なります。柔軟性、耐衝撃性などの力学特性を改質したい場合はブロック共重合、滑り性や撥水性などの表面特性を改質したい場合はグラフト共重合となります。

プラスチックは進化を続け、これまでガラスしか考えられなかった建物や自動車の窓が、軽く、割れにくいプラスチック製に置き換わろうとしています。特にアメリカでは、安全性の確保が重要な場所である銀行やスクールバスの窓に、このプラスチックが多く導入されています。

透明で目には見えませんが、様々なプラスチックの高機能化、高性能化にシリコーンが貢献しています。

要点BOX

●シリコーンが柔軟性、耐衝撃性などの力学特性や、滑り性、撥水性などの表面特性を改質している

ブロック共重合体

グラフト共重合体

スクールバスの窓に使われるシリコーン

22 ハーバリウムのクオリティーを高めるシリコーン

高い透明性が美しく見せる

最近注目されているハーバリウムは、そもそも植物標本のことをいいますが、馴染みのある押し花などとは異なり、とても美しく進化しています。乾燥処理した植物をガラスのボトルに入れてオイルに浸すことで、草花を長く楽しむことができるインテリア雑貨となり、花を楽しむ新しい形として、とても人気があります。

ボトルの中でゆったりと漂う可憐な花は、見るものの心に癒しのひと時をもたらしてくれますが、この浮遊感をも演出してくれるのがシリコーンオイルです。

従来使用されていたオイルは、ベビーオイルなどの流動パラフィン（ミネラルオイル）でしたが、シリコーンオイルを用いると、その透明性の高さが浮遊感の効果を向上させ、植物をみずみずしく見せることができます。

熱的に安定なシリコーンオイルは極低温（マイナス5℃以下）まで透明性を維持できますが、流動パラフィンは結晶性が高いため、氷点下付近で白く曇りはじめるだけではなく、粘度が急激に上昇し浮遊感が失われます。

また、ハーバリウム用の花は通常のドライフラワーだけではなく、人工的な着色が施されているプリザーブドフラワーが使われることがあります。プリザーブドフラワーを使用した場合、流動パラフィンで浸すとその色素が溶出しやすいことがあり、その点でもシリコーンオイルのほうが優れているといえます。

シリコーンオイルは様々な粘度の製品がラインナップされていますが、違う粘度のオイルを混ぜたりしながら、個人のフィーリングで浮遊感と安定感をうまく調整することもできます（シリコーンオイルと流動パラフィンは混ざり合わず、白く濁ってしまいますので注意）。

シリコーンは化学的に不活性であり、保存安定性に優れるため、長期的にも黄変などのトラブルが起こりにくく、クオリティーの高いハーバリウムでいつまでもインテリアを彩ることができます。

要点BOX

●シリコーンオイルは、まわりのものと化学反応を起こしにくく、安定であること、広い温度範囲で物性の変化が少なく、また劣化しにくい

シリコーンを使ったハーバリウム

透明性が高いために
浮遊感が出て、
中の植物がみずみずしく
見えるんだね

Column

日本で初めて発見されたシリコーン

シリコーンが地球上に初めて登場したのは１９３０年代で、アメリカのGeneral Electric社で研究されていました。１９４０年代に入りDow Corning社がシリコーンオイルの製造を始めると、当時の背景から軍事用途を中心に使用され始めました。

第二次世界大戦でアメリカの戦闘爆撃機として現れたB29は日本の各地を焼け野原にしましたが、その一方で、その後の日本の産業に大きな貢献をするシリコーン発見のきっかけとなりました。

第二次世界大戦の終わり頃、アメリカはグアムやサイパンなどの太平洋上の島を拠点にして、B29戦闘爆撃機による日本の本土爆撃を行いました。飛行機が高く飛行するには薄い空気でも動く高性能のエンジンが必要なのですが、そのためにはより高温に耐える絶縁被覆材料が必要で、耐熱性と電気絶縁性にすぐれるシリコーンが最適な材料だったのです。シリコーンがB29のエンジン周りに使われたことで、高度１万メートルもの飛行が可能になり、地上からの高射砲やそこまで高く飛べないゼロ戦からの機銃による攻撃をかわすことができたそうです。

そのような状況でしたが、日本軍の応戦によって墜落したB29を解体して調べてみると、エンジン周りから見たこともない不思議なオイルが発見され、それがシリコーンであり、日本人との初めての出会いでした。

終戦を迎え、技術立国を目指した日本は海外からの技術導入を経て、１９５０年代に入り、国産初となるシリコーンオイルの量産を始めます。その後、ワニスやゴムなどシリコーンの主要形態が揃いましたが、「高価である」という理由で需要の伸び悩むという状況にも直面しました。それでも、多くの日本人研究者の努力により、今では電子・電気機器、輸送機、繊維処理、化粧品など枚挙にいとまがないほど多くの分野で用途が開発され、今日の隆盛を見ています。

特に高温多湿の日本では、シリコーンの持つ撥水性や耐候性の特長が活かされ、建物や自動車、洋服など私たちの生活に関わる様々な商品が開発されています。

第3章 シリコーンオイルは進化している

23 成型時の型抜きをスムーズにする離型剤

高い安全性と耐熱・耐寒性に優れる

離型剤は、プラスチック製品や鋳物、食品など材料を型にはめて製品を作る工程において、型から製品をスムーズに取り出すために使用される薬剤のことです。シリコーンは表面張力が低いため微細な凹凸面の隅々までムラなく拡がること、また化学的に不活性で安全性が高く、かつ接触する物質を汚染しにくいいこと、さらに耐熱・耐寒性に優れるため広い温度範囲で使用可能であることから、離型剤としてゴム、プラスチック、食品など様々な分野で利用されています。

通常はオイル状のシリコーンを型に塗布して使用しますが、製品・用途によっては粘性により塗布しづらかったり、型の隅々まで行きわたりづらいことがあります。以前は溶剤で希釈して粘度を下げ、薄く塗布した後に溶剤を揮発させて使用されていましたが、溶剤の毒性や環境への悪影響から最近ではエマルション型の製品が使われるようになっています。エマルション型に使用される希釈剤は水のため、人体や環境への悪影響はほとんどなく、現在では主流となっています。またゴムホースは金属製の棒にゴムをコーティングし、その後に棒を抜き取って成型されますが、仕上がったホースは内部に水を通すため、油分の残存を嫌います。この用途には親水性のポリエーテル鎖で変性されたシリコーンが離型剤として使用されています。

ポリエーテル（PE）変性シリコーンは油と水の中間の性質を持っているため、ホース成型時には油として離型性を発揮し、成型後には水で洗い流すことができるためにホース内部に油分が残存することを防ぐことができます。その他の用途では、シリコーンの高い安全性を生かして食品包装用トレーの成型時にも使用されています。この用途には乳化剤を含めて使用できる成分が規定されており、安全性の高い原料だけを用いた製品が使われています。このように用途に応じた様々な製品形態があるため、シリコーンは離型用途の分野で広く使用されているのです。

要点BOX

- ●低い表面張力、安定性の高さが活かされる
- ●エマルション型は安全・便利に塗布可能
- ●油と水の性質を併せ持つPE変性シリコーン

プラスチックの成形方法

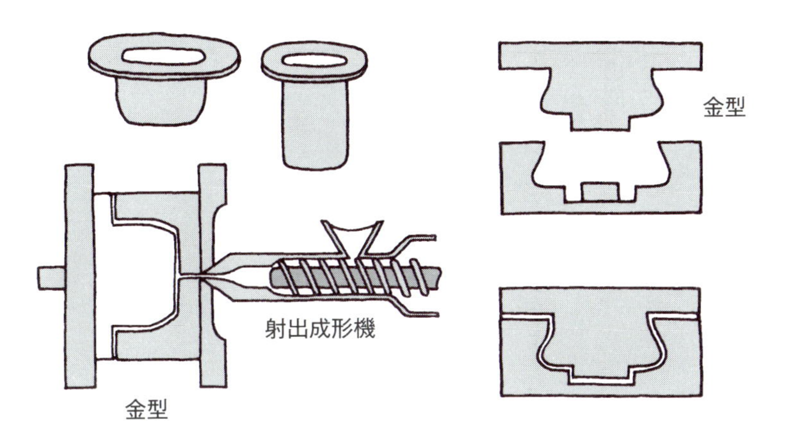

スプレー型離型剤による吹き付け塗布

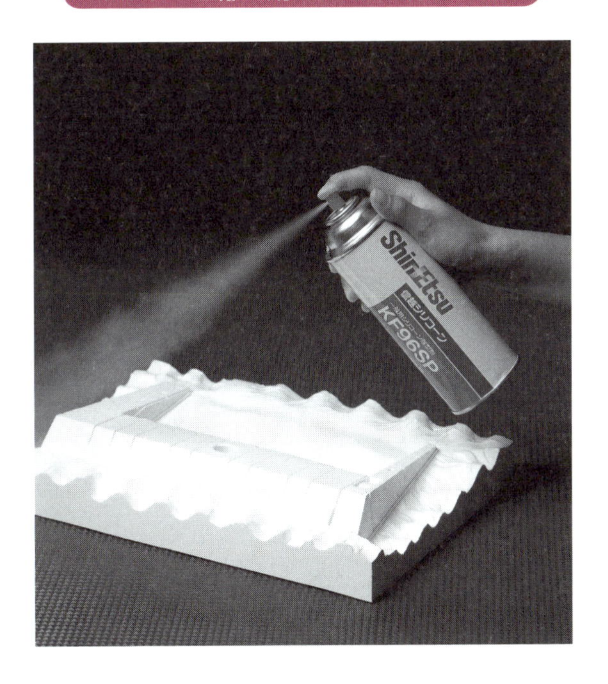

24 簡便で高い撥水効果 洗車機用撥水コート剤

技術の進歩で撥水効果が長持ち

　ガソリンスタンドなどに設置されている門型洗車機用の撥水コート剤には、シリコーンが使用されています。カーシャンプーで洗車して汚れを落とした後に撥水コート剤を自動車に噴霧することで、車の塗装表面やフロントガラスから滑るように水が落ちるのを皆さんも見たことがあると思います。以前は炭化水素やワックスを主成分としたペーストを手作業で塗布するのが主流でしたが、現在では簡便に洗車機で自動塗工でき、また薄い濃度で十分な撥水効果が得られるシリコーンのエマルションが使われるようになりました。

　得られた撥水効果を持続させるためには、シリコーンを車体表面に固定して雨などで洗い流されないようにする必要があります。このためにはシリコーンにアミノ基などの官能基を導入し、化学的・物理的に吸着させることが有効です。一般的なジメチルシリコーンの場合、撥水性は高いのですが車の塗装表面との相互作用がないため雨などで簡単に洗い流されやすく、撥水効果は長持ちしません。一方でアミノ変性シリコーンの場合は、自動車の塗装に用いられるアクリルやエポキシ、ウレタンなどの樹脂に含まれる官能基と相互作用するため、シリコーンが車の塗装表面に固定化されて持続性のある撥水効果が得られます。またシリコーンレジンのような固体の成分を配合することでオイル状のシリコーンを固定化させ、持続性を付与する方法もあります。

　撥水コート剤が洗車機のスプレーノズルから繰り返し噴霧されると、成分が配管やノズルに堆積して目詰まりを起こし、機械の故障の原因になることがあります。それを防ぐために、シリコーンにアミノ基を導入して水への親和性を付与したり、ポリエーテル(PE)変性シリコーンを添加剤として用いてシリコーンを安定に分散させ、目詰まりを起こさないようにしています。これらの工夫により、今では洗車機で手軽に洗車と撥水コートができるようになりました。

要点BOX
●アミノ基の導入で撥水効果が長持ち
●PE変性シリコーンでコート剤の安定性向上

撥水コート剤が使われる洗車機

シリコーンの働きにより、優れた撥水効果を発揮

25 撥水性から吸水性まで付与できる繊維処理剤

柔らかな風合い、感触を作ることも

シリコーンは、その高い撥水性を活かして、傘やレインコート、スキーウェア、テントの帆布などの撥水処理に応用されています。撥水効果を持続させるために、一般的には繊維と相互作用して吸着・固定化されるアミノ変性シリコーンが使用されますが、アミノ変性シリコーン以外でも、化学反応により皮膜を形成させる特殊なシリコーンも用いられています。

一方で、同じ繊維処理向けでも衣料用柔軟剤には全く異なる特性が求められます。綿やポリエステルなどの繊維は、繊維同士の摩擦により滑りにくく、ゴワゴワ感のある風合いとなっています。これをアミノ変性シリコーンで処理すると、表面にシリコーンが付着して繊維間の摩擦が少なくなり、柔らかな風合いを付与することができます。さらにアミノ基の含有量やシリコーンの分子量などを変えることにより、絹やウールなど、様々な風合い・感触を作り出すことができます。

また、タオルや肌着の場合は柔軟性に加えて吸水性も重要な特性になります。この場合、通常のジメチルシリコーンやアミノ変性シリコーンなどでは撥水性を付与してしまうため、親水性基であるポリエーテル基を加えたポリエーテル（PE）・アミノ共変性シリコーンが用いられます。シリコーンの基本骨格により柔軟性を、アミノ基により繊維への吸着性・洗濯耐久性を、さらにポリエーテル基により吸水性を付与することができるのです。このポリエーテル・アミノ共変性シリコーンは衣料用柔軟剤の他にも、乳幼児用のウェットティッシュなどにも応用されています。

その他の特殊な用途では、礼服などに用いられるポリエステル製の黒色生地をより深い黒色に見せるために使われる濃色化剤があります。架橋構造を持つアミノ変性シリコーンで生地を表面処理し、生地表面に低屈折率のシリコーンの皮膜を形成することで、視覚的により深い黒色に見せることができるのです。

要点BOX

- ●アミノ変性シリコーンにより撥水性を付与
- ●PE・アミノ共変性シリコーンで親水性を付与
- ●様々な風合い・感触を付与

撥水効果のイメージ

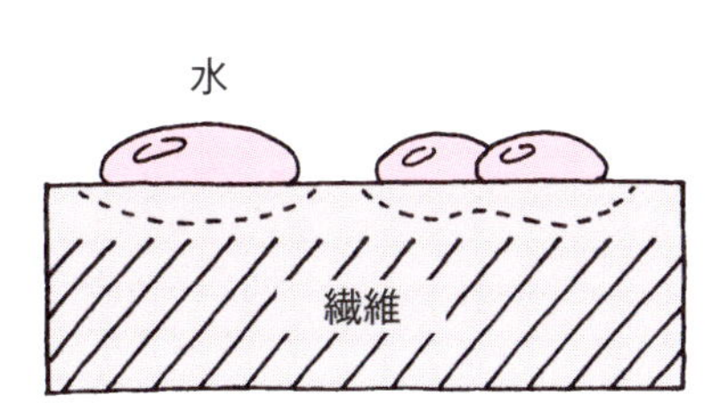

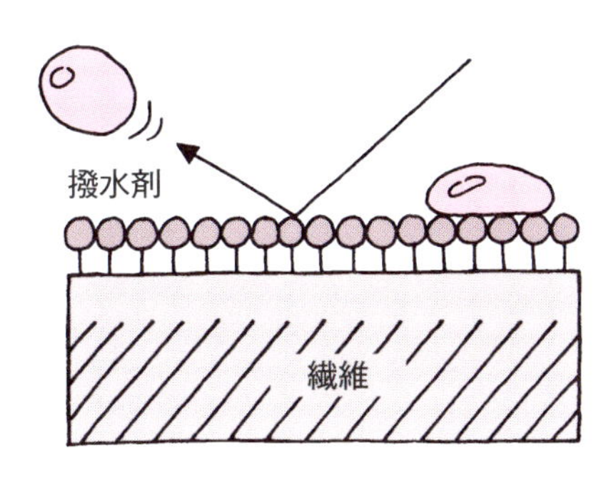

吸水柔軟剤のイメージ

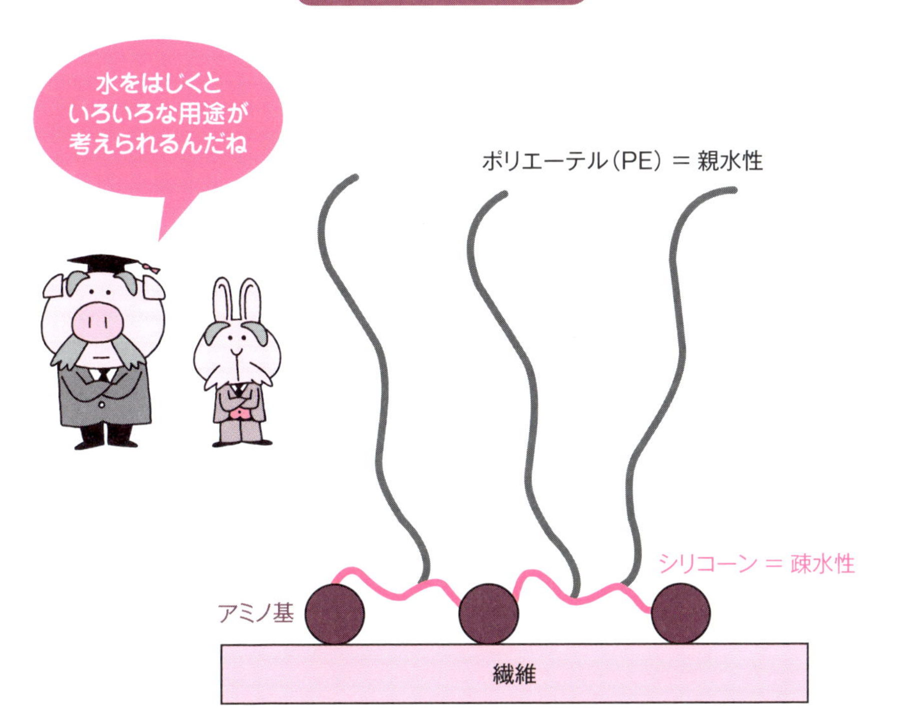

26 微量の添加で優れた効果、食品添加用消泡剤

食品の製造工程で活躍

食品の製造工程で発生する泡は、製品の品質を損ねたり、作業の効率を低下させたりします。例えば豆腐の製造工程では、水とともに砕いた大豆を煮る際に、大豆に含まれるサポニンという物質が乳化剤として働くために大量の泡が発生します。泡があると釜から吹き出したり、火の通りが均一にならないなどの問題が生じます。また豆乳を型に入れて固める際に泡が残ると、豆腐の表面や内部に気泡が入って固まってしまうため、食感や見た目が悪くなります。このような問題を防ぐためにエマルション型のシリコーン消泡剤が使用されています。この他にも、食材の洗浄や撹拌・混合工程時の消泡、飲料のボトル詰めの際の吹き出し防止などの様々な用途に使用されており、品質向上や工程時間の短縮に役立っています。

食品用消泡剤に含まれるシリコーン樹脂や乳化剤などの全ての成分は、食品衛生法で定められた規格や使用の基準を満たしています。シリコーン樹脂の添加量は食品に対して0・1％以下と定められており、このような微量の添加でも効果の高いシリコーン消泡剤は安全に広く使用されているのです。

消泡剤が泡を破壊するメカニズムは、シリコーンが泡膜に付着（①）、泡膜内に侵入（②）、拡張して泡膜が破壊（③）の3段階で説明されます。①のためには消泡剤が発泡物質に分散することが必要であり、水系の泡にはエマルション型の消泡剤が使われるのはこのためです。②のためには消泡剤が発泡物質に不溶であることが必要であり、シリコーンの疎水性が生かされています。③のためには消泡剤が発泡物質より低い表面張力を持つことが必要であり、シリコーンの特長が生かされています。これらの他にも、シリコーンには生理的に不活性であるため安全性が高いこと、化学的に不活性であるため食品と反応しないこと、耐熱性に優れるため高温でも変質せず使用可能であることなどの優れた特徴があります。

要点BOX
- ●安全性が高く、微量の添加で効果が高い
- ●様々な食品の品質向上や工程時間を短縮
- ●低表面張力、非溶解性、高分散性が重要

消泡のメカニズム

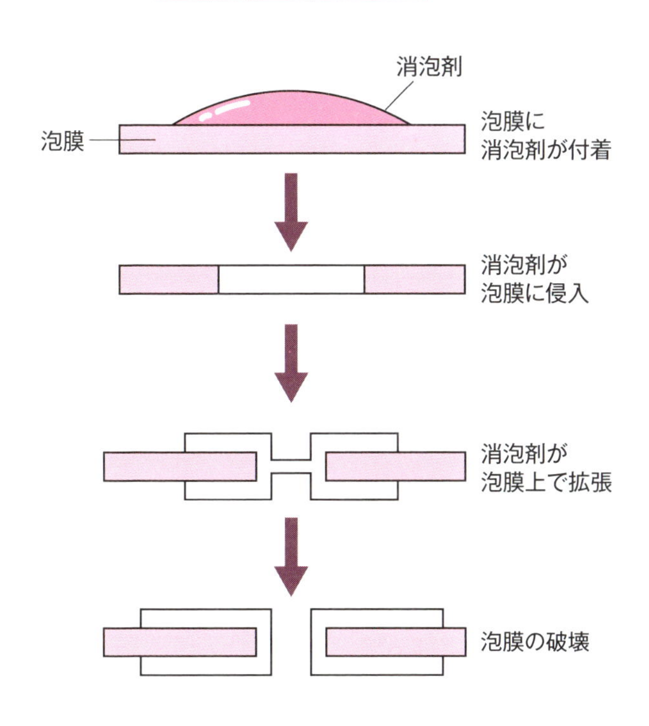

27 シリコーンの優れた特長を粉末状に！

長期にわたって特性が変化しない

シリコーンの優れた特性をさらに活かすために、また用途に合わせて使いやすくするために、粉末状にした製品があります。これらシリコーンパウダーは固体であるレジンやゴムからできています。シリコーンは構造中に分岐単位（3参照）を導入して三次元化（架橋）することで固体になりますが、このときに分岐単位の量（架橋密度）を変えることで高硬度のレジンや、弾性を持つゴムを作り分けることができるのです。

レジンパウダーは高硬度・真球状という特徴を持ち、例えるならビー玉のようなイメージです。表面は滑らかでコロコロと転がるような感触（滑り性）が得られるため、プラスチックフィルムの表面に塗したり、内部に練り込んだりすることで、フィルム同士の密着を防ぐことができ、取り扱いを容易にすることができます。

ゴムパウダーは弾性を持ち、たとえるならテニスボールのようなイメージです。外部からの圧力を緩和させる効果が得られるため、高硬度で脆い樹脂であるエポキシ樹脂に配合することで割れにくくすることができます。このように靭性を持たせたエポキシ樹脂は発熱・冷却による体積変化にも強く、電子機器向けの材料などに使用されています。

ゴムパウダーをコア（核）とし、レジンで外側を覆った構造を持つ複合パウダーはゴムとレジンの両方の良さを併せ持つ材料になります。化粧品のファンデーションに配合すると、ゴムパウダーによる感触の柔らかさと、レジン被覆によるサラサラ感に加え、ゴムとレジンの複層構造が生みだす光の散乱効果により、肌のギラつき・シワを抑えて自然な質感を与えることができます。

シリコーンパウダーは、熱や光などに対する安定性が一般の有機樹脂パウダーよりも優れるため、厳しい温度環境や長期にわたって特性が変化しません。また、人体に対する安全性も高いため、一般工業用や化粧品用などに広く使用されています。

要点BOX

- ●レジンパウダーは高硬度・真球状
- ●ゴムパウダーは弾性を有する
- ●複合パウダーはゴムをレジンで覆った複層構造

シリコーンパウダーの電子顕微鏡写真

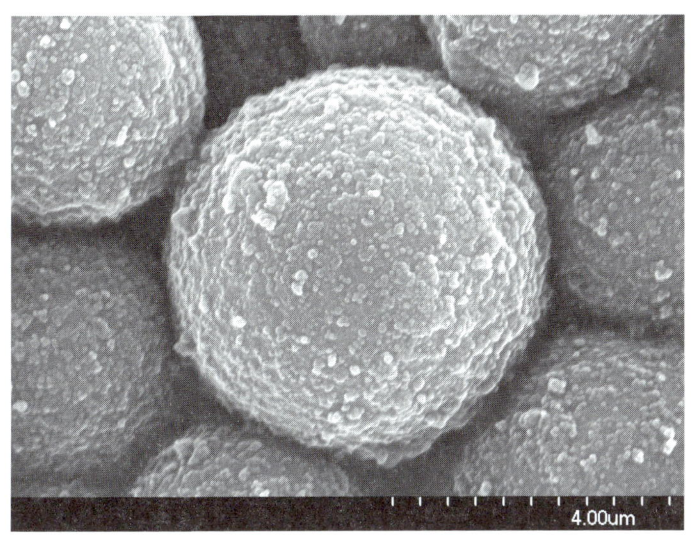

複合パウダー

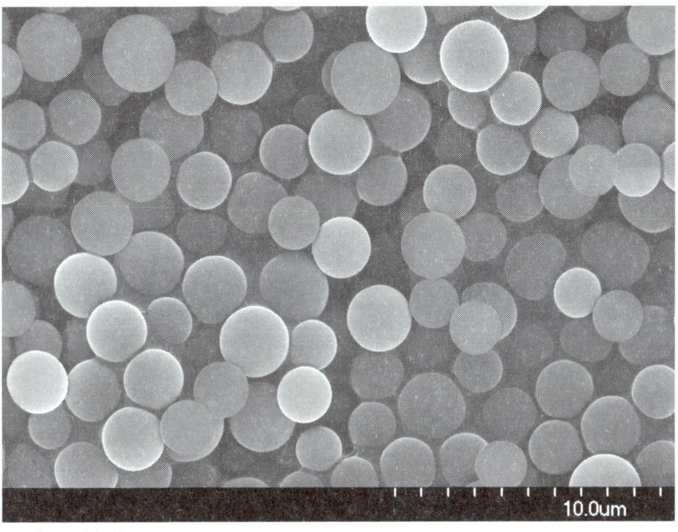

レジンパウダー

28 離型性(剥離性)に優れた剥離用シリコーン

テープ、ラベルの粘着材料を剥がすのに役立つシリコーン

一般的なシリコーンは、分子の表面がメチル基で覆われているため表面エネルギーが低く、またほとんどの有機化合物に溶けないため、離型性を発揮することができます。この特性を活かして、粘着性のある材料から簡単にはがしたりする離型剤にはシリコーンが幅広く使用されています。

特にラベルやテープのようなベトベトした粘着性の高い材料を剥がす場合、優れた離型性（剥離性）が求められるため、こういった分野に特化したシリコーンは剥離用シリコーンと呼ばれています。

ラベルやテープは、紙、布、フィルム、金属ホイルなどシート状基材の片面あるいは両面に、アクリル、ゴム、ウレタン系の粘着剤層が形成された構成が一般的です。被着体へ貼り付けるまでは粘着機能が低下しないようにするため、台紙やセパレーターで粘着面を保護しておくことが重要になります。これには「剥離用シリコーンを塗工した紙やフィルム」が最適であり、この構成のものを剥離紙や剥離フィルムと呼んでいます。

剥離紙は紙、目止め処理層、剥離剤層、剥離フィルムはフィルム、剥離剤層の順に積層されています。これらは剥離用シリコーンを紙やフィルムに塗工、硬化させ剥離剤層を形成することで製造されます。剥離剤層は一般的に0・1～2μmと非常に薄いため、剥離用シリコーンは薄く塗工できる液体であること、硬化後は粘着材料からキレイに剥離できることが求められます。

剥離用シリコーンはベースポリマー、架橋剤、触媒の三成分から構成されますが、その他添加剤を加えることで剥離剤層に様々な特長を付与することができます。また希釈溶媒、硬化方法などによって様々なタイプがあり、使い分けができます。

このようにラベルやテープなどの粘着面の保護には様々な剥離用シリコーンが塗工された剥離紙、剥離フィルムが幅広く使用されています。

要点BOX
- ●粘着材料の表面保護に剥離用シリコーンが有効
- ●剥離用シリコーンは剥離性、塗工性が重要

剥離用シリコーンの種類

タイプ名	エマルション	溶剤	無溶剤	UV
希釈溶剤	水	有機溶媒	なし	なし
硬化エネルギー	熱	熱	熱	紫外線
特徴	水系 非危険物	汎用 薄膜塗工	環境対応 高速塗工	加熱不要 熱に弱い基材に有効

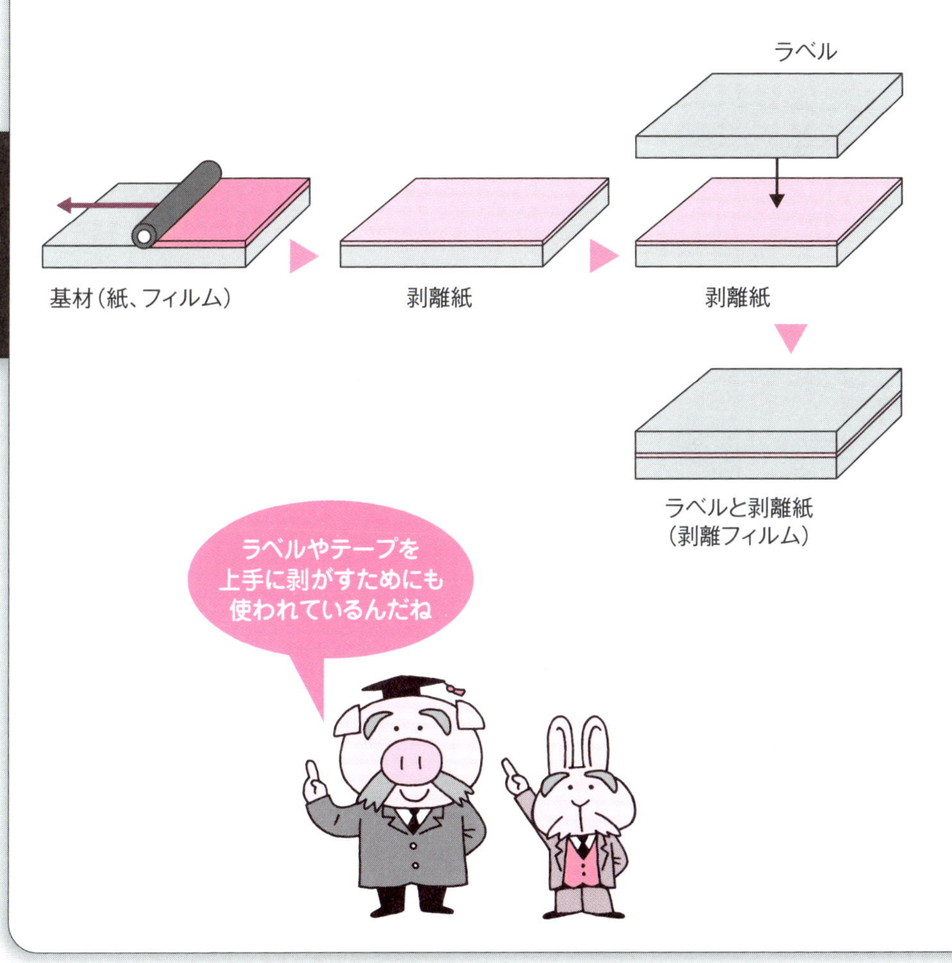

29 シリコーンの特長を活かした粘着剤

シリコーンの耐熱性、耐寒性、透明性などが活かされる

日常生活において粘着剤は、セロハンテープ、宅急便の伝票など、幅広い製品に使用されています。粘着剤は、粘着力、タック、凝集力の3つが基本特性となります。

粘着力は「くっつく力」、タックは「ベタベタ感」、凝集力は「ズレに抵抗する力」となります。浮き上がりやすい基材などを確実に固定する場合には、強い粘着力が重要となります。軽い力で短時間に粘着させるには、タックの強い粘着剤が有効です。粘着テープを用いて壁に何かを貼り付ける場合、長期で落下を防止するには強い凝集力が必要になります。

代表的なシリコーン粘着剤はポリマー成分であるシリコーンガムと粘着性付与成分であるシリコーンレジンからなります。シリコーンガムとシリコーンレジンの一部を化学結合させ、さらに有機過酸化物によるラジカル架橋、もしくは白金触媒によるヒドロシリル化(付加)架橋を施すことで、粘着性を有する皮膜を得ることができます。粘着剤は、有機ゴム系、アクリル系など様々な種類がありますが、シリコーン粘着剤は耐熱性、耐寒性、透明性といった点で他の材料よりも優れた性能を有しています。

200℃以上の高温に長期間さらされても剥がれ、ズレを起こさないシリコーン粘着テープが開発されています。また、瞬間的に1000℃以上となる金属溶接作業では、接合部以外を保護するためにポリイミド基材とシリコーン粘着剤からなるマスキングテープが使用されます。

粘着付与成分を必要最少量用いた微粘着シリコーンは、再剥離性に優れるため液晶画面保護用フィルムに用いられています。シリコーンはガス透過性が高いため、貼付け時に巻き込んだ気泡が、放置すれば自然に消えていくことも利点の一つです。

他の粘着剤では貼り合わせできないテフロンやシリコーンゴムに適用できるのは表面張力が低く、材料に濡れやすいシリコーン粘着剤しかありません。

要点BOX

- ●粘着剤は材料に貼り付き剥がすことも可能
- ●シリコーンガムとシリコーンレジンを用いて粘着力が発現

粘着テープに必要な三要素

項目	粘着力	タック	凝集力（保持力）
内容	物にくっつく力	触ったときのベタベタ感	ズレに抵抗する力
測定方法	テープを剥がすのに必要な力	ボールを転がして止まる最大のボールの大きさ	重りをつけて、熱・時間をかけたときにズレた距離

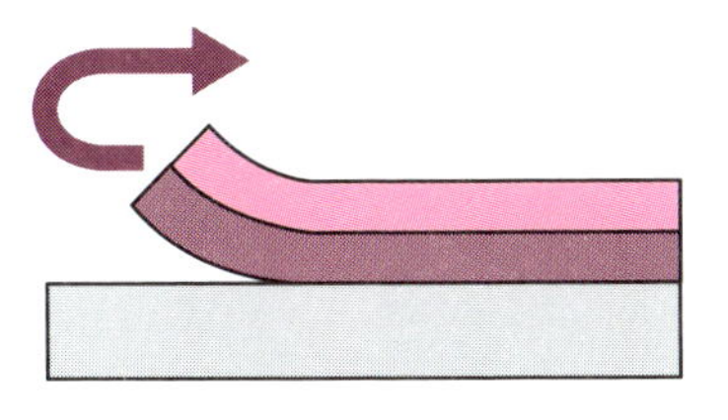

粘着力

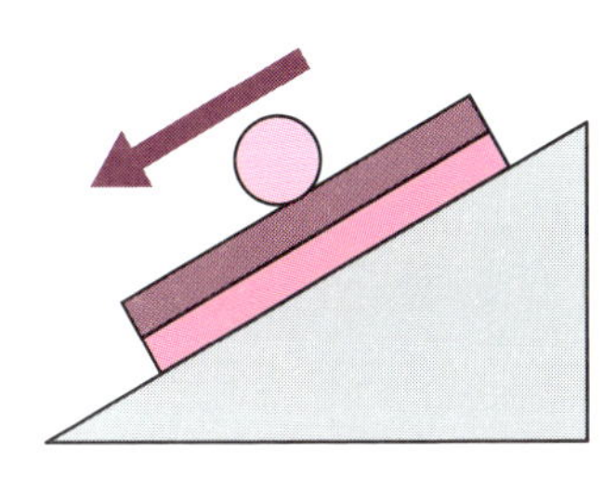

タック

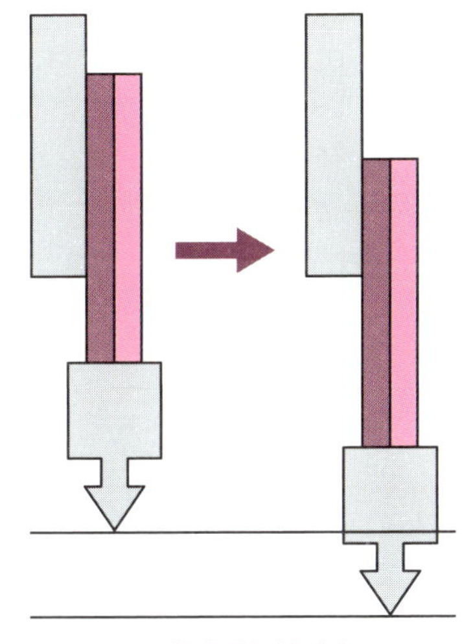

凝集力（保持力）

用語解説

マスキングテープ：塗装などの際に作業箇所以外を汚さないために貼る保護用粘着テープ。

30 剥離用シリコーン、シリコーン粘着剤の使用例

絆創膏、合成皮革、スマートフォンなどなど

剥離用シリコーンの身近な使用例の一つが粘着テープです。基材の片面に剥離用シリコーンを塗工して、その逆面に粘着剤を塗工して硬化させながらロール状に巻き取ると粘着テープが完成します（左図参照）。

両面粘着テープは、剥離用シリコーンが両面に塗工された剥離ライナーの片側に粘着剤を塗工、硬化させながら基材を貼り合わせ、その基材にさらに粘着剤を塗工、硬化させロール状に巻き取ることで完成します。また、剥離用シリコーンを紙に薄膜塗工することで、落しブタや油きりに使用するクッキングペーパー、肉や魚のオーブン料理に使用するベーキングシートが作られています。離型性に加えて安全性、耐熱性に優れるシリコーンが活躍する使用例です。

自動車のシート、かばんなどに使用される合成皮革の製造にも用いられています。表面を凹凸加工したシリコーン剥離紙上にポリウレタンやポリ塩化ビニル樹脂を塗工、その上にナイロンなどの布地を貼り合わせて剥がすと凹凸模様が転写され、天然皮革に似た手触りとシワ模様が得られます。

シリコーン粘着剤は、絆創膏や医療用テープにも使われています。皮膚に直接貼り付けるため安全性が求められるのはもちろんですが、柔軟性に優れるため皮膚表面に素早く馴染んで良く貼り付きます。また、剥がす際には粘着剤が変形して皮膚にかかる力を分散するので、痛みが少なく感じられます。肌が弱い方でも安心して使える、傷に優しい使用例です。

スマートフォンには剥離用シリコーンとシリコーン粘着剤の両方が使用されます（左図参照）。

シリコーン剥離フィルムは剥がれやすく均一塗工性、作業性に優れるため、フロントパネル、光学透明粘着シート、フラットパネルディスプレーに使用されます。シリコーン粘着フィルムは、再剥離性、透明性、非黄変性に優れ、気泡が発生しにくいため、保護フィルム、光学透明粘着シート、タッチパネルに使用されています。

要点BOX
- ●均一塗工性、剥離性に優れた剥離用シリコーン
- ●耐熱性、透明性、安全性などに優れたシリコーン粘着剤

スマートフォンの概略図

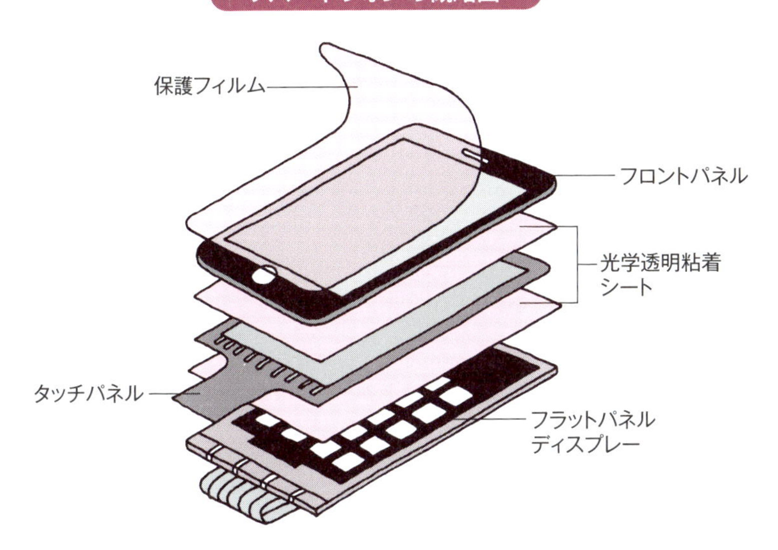

粘着テープの製造工程

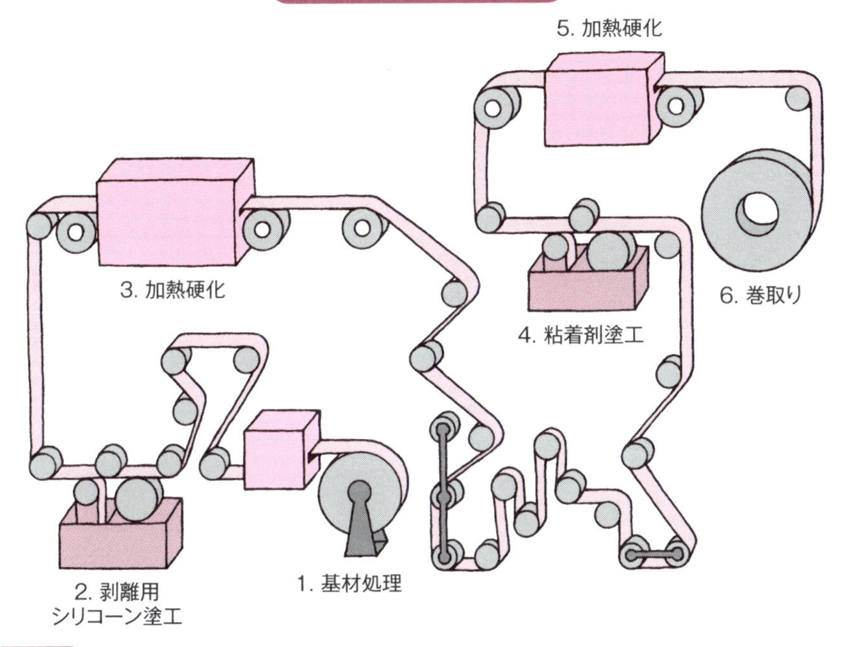

用語解説

剥離ライナー：剥離用シリコーンが塗工された紙やフィルム。

Column

混ざりあわない“水と油”を安定して共存させる！

仲が悪いことを〝水と油〟と例えるように、お互いに混ざりあわないことが知られている水と油ですが、両者が安定して共存する状態が存在します。身近な例では、マヨネーズや牛乳などの食品、化粧水や乳液などの化粧品が挙げられます。このような水の中に油が、あるいは油の中に水が分散した状態を「乳化」といい、乳化した液を「エマルション」と呼びます。エマルション中に水と油を安定して存在させるためには、乳化剤（界面活性剤）と呼ばれる物質が必要です。乳化剤は、ひとつの分子の中に水に溶解する部分（親水基）と、油に溶解する部分（疎水基）の両方を持っており、水と油を結びつける役割を果たします。

先ほど例に挙げたマヨネーズは、酢（水相）とサラダ油（油相）を卵黄（乳化剤）で乳化したエマルションです。酢とサラダ油のみを混合すると一時的にサラダ油が油滴になって酢の中に分散しますが、すぐに分離してしまいます。しかし卵黄を加えることで酢とサラダ油は分離しなくなり、安定なマヨネーズ（エマルション）を作ることができます。これは卵黄に含まれるレシチンやタンパク質の一部が乳化剤として働くためです。

また、牛乳は最初からエマルションとして存在している食品で、乳脂肪分が水中に分散しています。牛乳や生クリームをペットボトルなどの容器に入れて長時間振り混ぜるとエマルションが壊れ、乳脂肪分が分離してきます。この分離した乳脂肪分がバターです。このようにエマルションは強い撹拌などで乳化状態が壊れます。撹拌以外ではpHや温度、塩（えん）の添加などでもエマルションが壊れやすくなります。

エマルションには水の中に油が分散している水中油滴型（O／W型）と、油の中に水が分散した油中水滴型（W／O型）とがあります。シリコーンを油相にしたO／W型エマルション製品は、離型剤や繊維処理剤、消泡剤など様々な用途に応用されています。

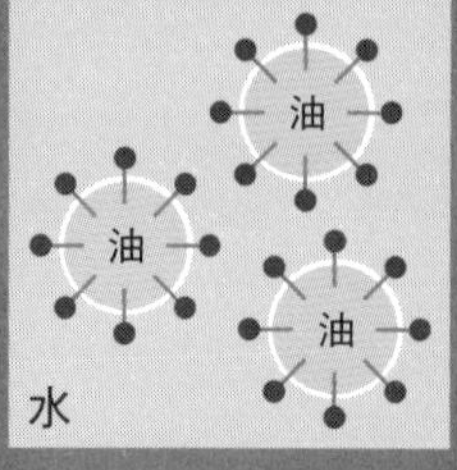

O/W型エマルション

W/O型エマルション

乳化剤（界面活性剤）の構造

※ひとつの分子の中に親水基と疎水基の両方を持っている

第4章 熱や光に強いシリコーンレジン

31 シリコーンレジンって何だろう？

優れた被膜を形成する

シリコーンレジンは、シロキサン結合が三次元の網目構造（左ページ上）を形成したものです。耐熱性、耐候性、造膜性に優れるため、コーティング剤など表面保護を目的として使われています。三次元ネットワーク形成のためには、一つのケイ素原子が3個以上のシロキサン結合を有している必要があります。したがって、シリコーンレジンにはT単位またはQ単位が含まれています（3参照）。シリコーンレジンを有機溶剤に溶解したものはシリコーンワニス、水に分散したものはレジンエマルションと呼ばれています。

シリコーンレジンは原料となるクロロシランやアルコキシシランを加水分解縮合して得られます。クロロシランやアルコキシシランは、水と反応すると塩化水素やアルコールを発生しながら、シラノール（Si-OH）という中間体を形成します。シラノールは不安定な中間体で脱水を伴いながらシロキサン結合を形成します。

シリコーンレジンの分子量は膜の特性を決める要素のひとつです。一般に、高分子量のものほど造膜時の架橋点が少なくなるので靭性に優れています（左ページ下）。

シリコーンレジンは、有機基の種類とシリコーンの構成単位に基づいて分類されます。いずれの分類もシリコーンレジンの特性を類推するために重要な指標となります。有機基には、メチル基、フェニル基、エポキシ基等があります。メチル基はフェニル基より紫外線耐性に優れる一方、耐熱性ではフェニル基の方が優れています。エポキシ基等の官能基は他の樹脂との相溶性や密着性の向上を目的に導入されます。構成単位による分類では、T単位からなるTレジン、D単位とQ単位からなるDQレジン、等があります。一般に、D単位が増えるほど柔らかくなり、Q単位が増えるほど固くなります。Q単位のみから構成されるシリコーンは脆く、化学組成もSiO_2であるため、レジンではなくシリカと呼ばれます。

要点BOX

- ●シリコーンレジンは、シロキサン結合が三次元網目構造を形成したものである
- ●架橋点として、T単位、または、Q単位を含む

シロキサン結合による三次元網目構造

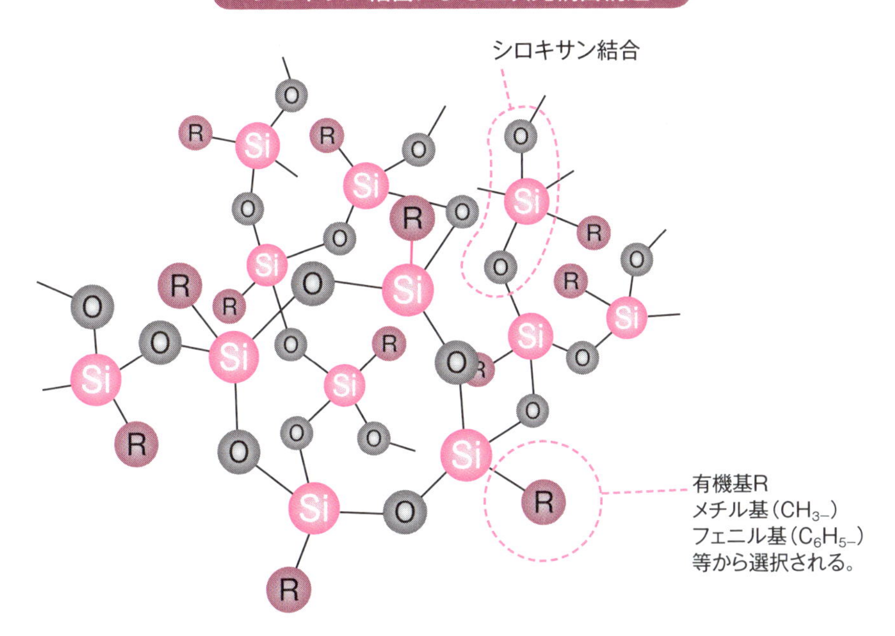

レジン分子量と架橋度のイメージ

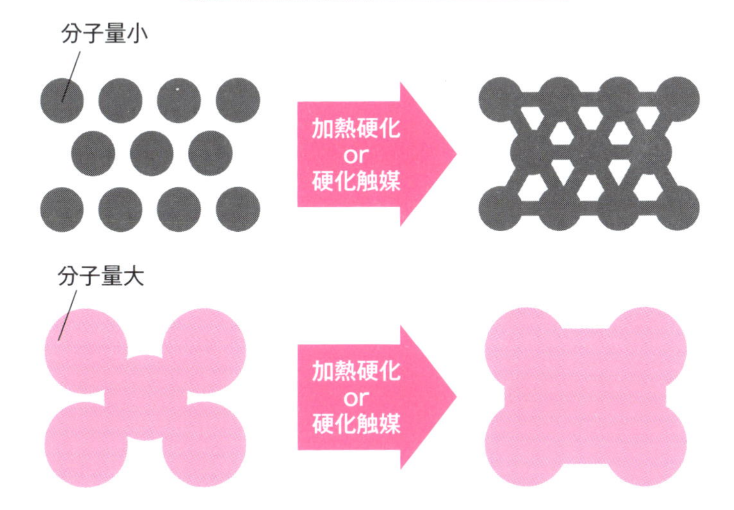

用語解説

縮合：2種類以上の分子が、水などの簡単な分子の脱離を伴って、新たな共有結合を形成する反応。縮合によって重合体が形成される場合、縮合重合、または、重縮合、とも呼ばれる。

32 塗料の耐熱性・耐候性を高めるレジン

シロキサン結合の特性を活かす

塗料は自動車や建物の外壁など、あらゆる箇所に使用され、対象物の保護および美観を長期間にわたって維持しています。そのため、塗料自体が外的要因（熱・光・水）によって分解劣化しないことが極めて重要です。塗料は主に、フィラー（充填剤）、バインダー（結合剤）、シンナー（希釈剤）、から構成されています。フィラーは、顔料やアルミパウダー等、色調調整のために添加されます。バインダーは塗料のベースとなる樹脂で造膜性に優れるものが使用されます。なかでも、シリコーンレジンは一般の有機樹脂に比べて優れた特性を示すため、塗料のバインダーに適しています。シリコーンレジンを構成するシロキサン結合はケイ素—酸素の結合エネルギーが大きいため高温でも分解しにくいことが知られています。左図は250℃における各種塗料の光沢保持率（％）を比較したものですが、エポキシ樹脂やアルキッド樹脂など、一般の有機樹脂はバインダー成分の熱分解によって塗料の光沢が経時で失われていくのに対し、シリコーンレジンは良好な光沢を維持していることがわかります。このような特性を活かして、煙突、暖房器具、調理器具、オートバイのマフラーなどに利用されています。シリコーンレジンは熱だけでなく光にも安定です。シロキサン結合は紫外可視領域の光をほとんど吸収しないことが知られています。一般に、有機化合物は光を吸収すると一定の確率で分解するので、吸収しない物質は光に対してかなり安定です。シロキサン結合が光に安定な一方で、シリコーンレジンの有機基は光を吸収することがあります。フェニル基の紫外線耐性がメチル基より良くない（31参照）のはこのためで、有機基は用途に応じて選定する必要があります。さらに、シリコーンレジンは加水分解劣化しにくいため水に対しても安定です。シリコーンレジンの優れた特性は、他の樹脂とハイブリッドして使用されることもあります。アクリルシリコーン塗料はその好例です。

要点BOX

- ●シリコーンレジンは塗料のバインダーに使われる
- ●シリコーンレジンを配合した塗料は耐熱性に優れ、光に対しても安定している

各種塗料塗膜の耐熱性(250°)

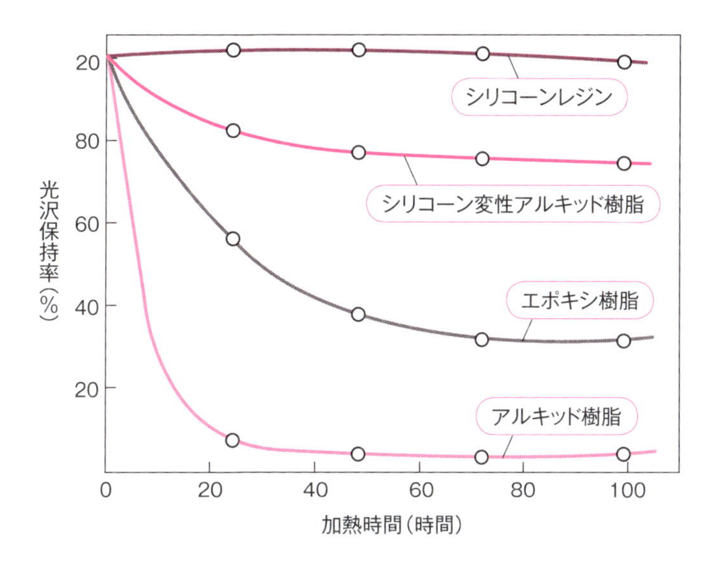

シリコーンを使用した耐熱塗料の使用例

プラント用

煙突の保護

暖房器具用

石油ファンヒーター

調理器具用

鍋、フライパン

車両マフラー用

オートバイ用マフラー

用語解説

紫外可視光：波長200～700nm程度の光。波長が小さい方が光のエネルギーは大きい。特に、400nm以下の光は紫外光といわれ、有機物を徐々に分解する作用がある。この分解作用に対する耐性は、「耐光性」や「耐候性」などと呼ばれている。

33 プラスチックの表面を傷から保護する

表面の硬度を向上させるハードコート剤

シリコーンレジンが塗料のバインダーに使われることを説明しましたが（32参照）、ハードコート剤はシリコーンレジンを用いた塗料の中でも、表面の硬さに特化したものを指します。スマートフォンなどの電子機器やメガネレンズなどの光学機器等、工業製品は成型の容易なプラスチックが多用されています。一方で、プラスチックは傷つきやすい特性があるので表面の硬度を向上させる必要があります。このような目的にハードコート剤が使用されます。硬いシリコーンレジン皮膜を得るために、T単位とQ単位のシリコーンが重要です（3参照）。特に、Q単位の割合を増やすとシロキサン結合のネットワークが複雑化し、硬い皮膜を得ることができます。D単位はメガネレンズの染色性向上などの特殊な目的以外では通常使用されません。ハードコート剤に含まれるシリコーンレジンの分子量は硬度を支配する重要な因子で、一般の塗料よりも小さな分子量のシリコーンレジンが用いられます。分子量の小さいシリコーンレジンのほうが皮膜中のネットワークが発達しやすく、硬い皮膜が得られます（31参照）。ハードコート剤のネットワークは、シロキサン結合によって形成されます。部分的に架橋したシリコーンレジン分を含んだ溶液を塗布、乾燥（加熱）することで、架橋が完全に進行し、硬い皮膜を得ることができます（左図）。

ハードコート剤は自動車の樹脂窓にも使用されており（第4章コラム）、樹脂グレージングと呼ばれています。グレージングには「窓ガラス」という意味のほかに「うわぐすり」という意味もあります。「うわぐすり」はシリカ分を含んだ灰を陶器に塗布・焼成してガラス質被膜を形成するために使われています。当然のことながら、有機樹脂は窯業の焼成プロセスに耐えられません。ハードコート剤は、化学の力で「うわぐすり」形成のプロセスを低温化したものとも言えます。ハードコート剤は工業化された「ソフト化学」プロセスの成功例です。

要点BOX

- ●ハードコート剤は表面硬度に特化したシリコーンレジン塗料
- ●T単位やQ単位が重要な役割を果たす

架橋のイメージ

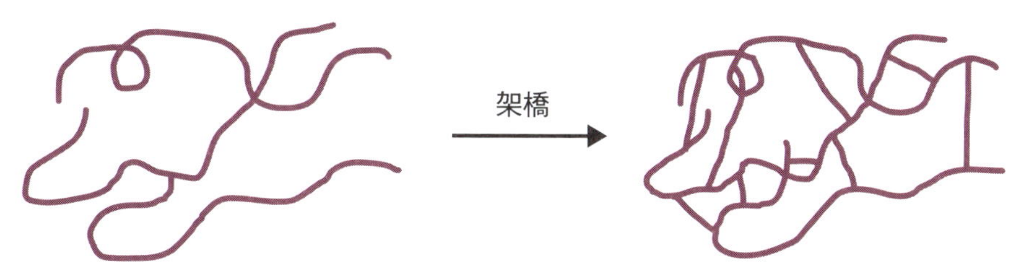

塗布後に架橋が進行して
硬い膜になります

用語解説

ソフト化学：セラミック等、従来では合成に高温を要した材料製造を比較的低温でも実現し、新たな特性を付与しようとする化学の一分野。フランスの研究者によって最初に概念が提唱されたため、フランス語でchimie douceとも呼ばれている。総説（*Chem.Mater*.1995,*7*,1265）に詳しい。

34 優れた電気特性を発揮するレジン

長期にわたって優れた電気特性を発揮する

シリコーンレジンは耐熱性や耐水性に優れることを述べましたが、この特性に加えて電気を通しにくい性質があるため、電気製品の内部にも使われています。

シロキサン結合はケイ素と酸素から構成されていますが、ケイ素と酸素は分極しているので、一見するとシリコーンは誘電率が高そうに見えます。しかしながら、シリコーンの比誘電率は2・5〜3・0程度であることが知られており、これは身近な材料の中でも比較的小さい部類に属します。一般に、誘電率が小さい方が絶縁性能に優れています。ケイ素—酸素結合の大きな分極にも関わらず、シリコーンが低い誘電率を示すのは、ケイ素原子上の有機基による立体反発で分極点同士が接近することが妨げられ、巨視的には非極性になるためと考えられています。この特性はシリコーンの分子間力が小さいことの一因でもあります。

シリコーンレジン自体の絶縁性に加えて、疎水性も重要な要素です。有機材料が水を含んだ場合、イオン性の不純物が混入することによって絶縁性が低下してしまいます。しかしながら、シリコーンレジンにはこのような懸念が少ないために長期にわたって、良好な絶縁特性を示します。絶縁材料は使用温度に応じて、絶縁階級が設けられています。シリコーンレジンは180℃の耐熱性を意味する絶縁階級Hの材料に使用可能で、有機材料としては最高のクラスです。加えて、シリコーンは温度による物性変化が少ないため好まれています。

シリコーンレジンの耐熱性、耐水性、疎水性、絶縁性に加えて、「異なる素材を結着する特性」も電気絶縁材料に使われる要因です。例えば、ガラス繊維をシリコーンレジンで結着し、電線の被覆材としたものは「スリーブ」、ガラスクロスを固めて板状にしたものは「積層板」と呼ばれ、それぞれ私たちの身のまわりの電気製品や産業機器などに使われています。

要点BOX

- ●シリコーンレジンは絶縁体である
- ●絶縁性に加えて、耐水性、耐熱性の総合力で優れていて、スリーブや積層板に使用されている

電気分野で活躍するシリコーンレジン

電線の被覆には、電気絶縁性に優れたシリコーンレジンが使われています

モータなどの発熱する電気機器は、安全に使用するために
高温でも絶縁性に優れている必要があります

用語解説

絶縁階級：電気機械に使用される絶縁体を温度別にクラス分けしたもの。Y（90℃）、A（105℃）、E（120℃）、B（130℃）、F（155℃）、H（180℃）、C（180℃以上）がある。電気機械は、絶縁破壊の懸念があるため、この等級の温度を超えて運転してはならない。

Column

自動車の軽量化に貢献するシリコーンハードコート剤

自動車の軽量化は重要な課題です。自動車と部品メーカーの様々な努力によって軽量化が図られ、自動車の燃費が良くなってきていることを実感している人も多いのではないでしょうか。最近、軽量化のターゲットは自動車窓にも及んできています。ポリカーボネートは耐衝撃性に優れるため、ガラスの代替材料として有望です。しかしながら、ポリカーボネートは紫外線によって劣化し、傷つきやすい性質があるため、そのままでは自動車窓に使うことはできませんでした。ところが、2011年5月、当時としては世界最大のポリカーボネート製樹脂窓を備えた市販車—トヨタ『プリウスα』—が発売されたことで常識が変わりました（下写真）。ポリカーボネート単独では不足している性能を補うために、ポリカーボネート樹脂表面にシリコーンハードコート剤（33参照）が塗布されています。シリコーンの優れた耐候性（32参照）が活かされている身近な実例の一つです。

プリウスαの
ポリカーボネート樹脂製パノラマルーフ

（協力：株式会社豊田自動織機）

第5章

様々な分野で活躍するシラン

35 シラン製品は幅広い分野で使われている

モノマーからなる化合物

シラン製品は、これまで紹介してきたポリマー構造のシリコーン製品とは異なり、モノマー（単量体）からなる化合物です。具体的には、加水分解性シリル基と有機官能基を有している化合物です。

シラン製品の加水分解性シリル基は、無機材料表面に存在する水酸基等の官能基と化学反応させることができ、その種類から①アルコキシシラン、②クロロシラン、③シラザンの3種に大きく分類されます。どのシラン製品を使用するかは、反応性と副生成物の影響を考慮する必要があります。クロロシラン、シラザン、アルコキシシランの順で反応性は高くなりますが、クロロシランが反応した際には酸性の塩化水素が、シラザンの場合は塩基性のアンモニアが発生するため、その影響を考慮する必要があります。アルコキシシランが反応した際の副生成物はアルコールのため、マイルドな処理剤です。

医薬・農薬の製造プロセス中において活性水素基の保護を目的にクロロシランやシラザンが利用されています。医薬品化合物中の活性水素基は、他の官能基を導入する反応を行う際、その活性の高さのため意図しない反応を起こしてしまい、目的の化合物が得られません。このような時、あらかじめ活性水素基をクロロシランやシラザンを用いて保護しておくと、目的の官能基の導入反応が副反応無く行えます。その後、シラン保護基は酸性水により加水分解して脱離することができるため活性水素基を復活できます。

ガラス、シリカ、金属などの無機材料と化学結合して、アルキル基の効果により表面を疎水性、撥水性に改質することを目的にアルコキシシランやシラザンが使用されています。例えば、アルキル基を有するアルコキシシランを親水性のシリカ粉体やチタニア粉体に処理することにより、処理された粉体は疎水性となり、塗料などの有機樹脂への混合が容易になります。

要点BOX

●シラン製品は、アルコキシシラン、クロロシラン、シラザンの3種類があり、有機材料や無機材料の表面を修飾することができる

シラン製品の反応例

アルコキシシランの反応例

MeO — Si — OMe (OMe) + HO OH OH → Si (O O O) + MeOH

メタノール

クロロシランの反応例

Cl — Si — Cl (Cl) + HO OH OH → Si (O O O) + HCl

塩化水素

シラザンの反応例

— Si — N(H) — Si — + OH → — Si — O + NH_3

アンモニア

用語解説

モノマー：ポリマー（重合体）を構成する単量体のこと。

36 シランカップリング剤は有機材料と無機材料の仲介役

塗料と金属などの無機基材との接着性を向上

シランカップリング剤は、無機材料と化学結合する加水分解性シリル基と、有機材料と化学結合する反応基を併せ持つことを特徴とするシラン製品です。加水分解性シリル基としては、アルコキシシリル基が一般的です。

一般に塗料や接着剤は、有機材料であり、一方、ガラスや鉄、アルミニウム等の金属は無機材料です。この有機材料と無機材料は、お互いに反応することができないので、密着性を十分に確保できません。そこで活躍する材料がシランカップリング剤で、有機材料と無機材料を結びつける仲介役のような働きをするので、塗料や接着剤と金属などの無機基材との接着性が向上します。数%(一般的には約1%)の添加量で接着性が数倍も向上する可能性のある魔法の材料です。塗料や接着剤以外にも、シランカップリング剤は身の回りのいろいろなところで活躍しています。例えば、ガラス繊維強化プラスチックや無機材料強化エラストマーが挙げられます。前者は車のバンパーなど曲部を有する成形物、電子機器の中にある電子回路基板等に使用され、無機材料であるガラス繊維と有機材料であるプラスチックからできています。後者は自動車のタイヤや運動靴の底部などに使用され、無機材料であるフィラー(シリカ等)と有機材料であるエラストマーからできています。どちらも無機材料と有機材料からできているため、シランカップリング剤を加えることにより、双方を化学結合で繋ぐことができ、強度や信頼性といった特性を大幅に改善することができます。

無機材料や有機材料の種類によって最適なシランカップリング剤は異なります。シランカップリング剤には、アミノ基やエポキシ基、メタクリル基などの様々な反応基の種類があり、それぞれの用途にあった反応基を有するシランカップリング剤を選択することが重要です。

要点BOX

- シランカップリング剤は、有機材料と無機材料を繋ぐ分子接着剤で、数%添加するだけで、接着性が数倍にもなる可能性がある

シランカップリング剤の構造

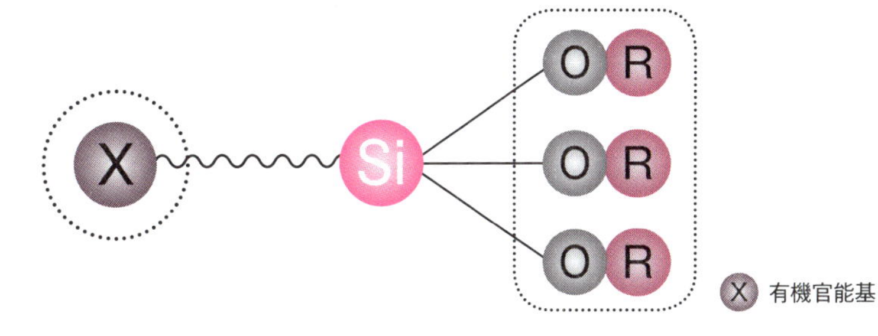

無機基材とコーティング剤の界面のイメージ

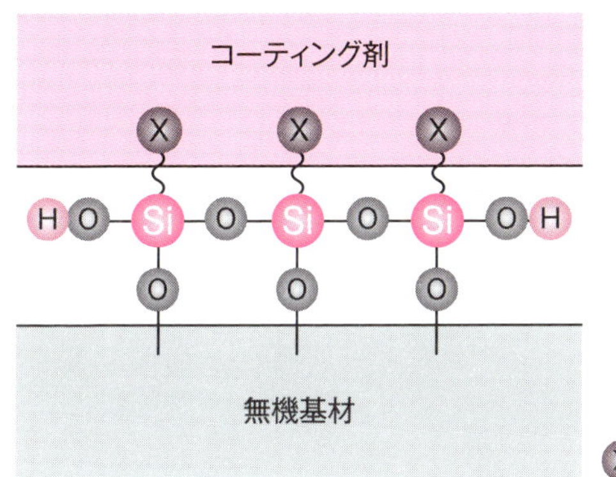

有機樹脂とフィラー界面のイメージ

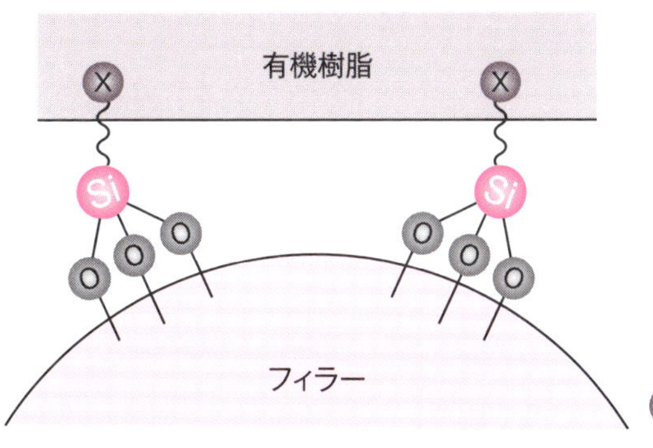

37 シランカップリング剤でエコタイヤは実現できた

ゴムの中にシリカがきれいに分散することがポイント

現在、車関係の部品や材料において〝低燃費〟が大きなキーワードになっています。ハイブリッド車などの車自体も低燃費に向けた技術開発が進んでいますが、車を支えるタイヤも低燃費化が進んでいます。それが「エコタイヤ」です。タイヤメーカー各社のコマーシャルなどでも盛んに宣伝しています。日本では2010年からラベリング制度が始まり、私たち一般消費者も各タイヤの低燃費性能とウェットグリップ性能（雨天時の路面で止まる性能）を比較することができるようになりました。

これまでのタイヤは、ゴム材料のほかに補強剤としてカーボンブラックが使用されてきました。そのカーボンブラックの一部もしくはすべてをシリカという材料に置き換え、きれいに分散させることで低燃費化できることが知られていました。しかし、シリカの表面にはシラノールという親水性の反応性基があるため、シリカ粒子同士が凝集してしまい、ゴムと混ざりにくく、良好なタイヤ特性が出ないという問題がありました。これを解決したのが「シランカップリング剤」です。

シランカップリング剤の存在により、低燃費性能とウェットグリップ性能を両立させた「エコタイヤ」が実現したのです。中でも有機基としてポリスルフィドを持っているシランカップリング剤が広く使用されています。ポリスルフィドシランのアルコキシ基が無機材料であるシリカと結合し、ポリスルフィド部分が加硫反応により有機材料であるゴムと結合します。これにより、シランカップリング剤によってゴムの中にシリカがきれいに分散でき、さらにシリカとゴムを一体化させることができるため強度のあるゴムを得ることができます。つまり、シランカップリング剤はシリカを配合するエコタイヤには欠かせない材料で、エコタイヤを見かけた時は、シランカップリング剤を思い出してください。

さらなる低燃費化を目指して、新しいシランカップリング剤の研究は現在も積極的に行われています。

要点BOX
- ●エコタイヤには、シランカップリング剤が必須成分
- ●タイヤ用途にはスルフィドシランが一般的

ラベリング制度

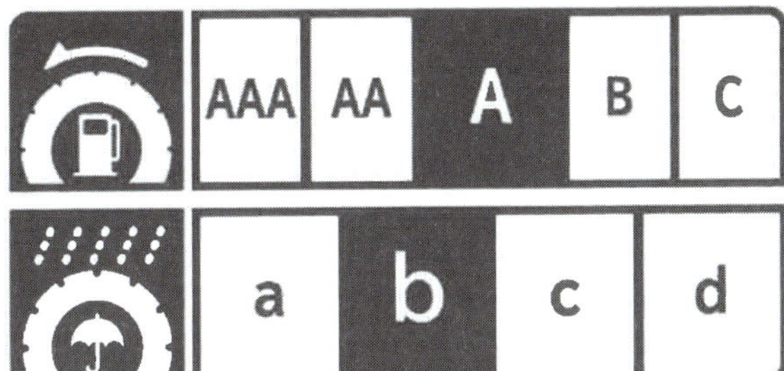

シランカップリング剤配合の効果

シランカップリング剤がないと…

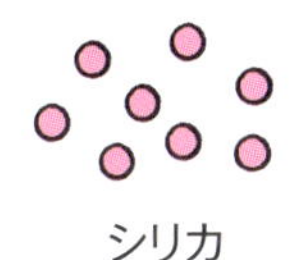

シリカ

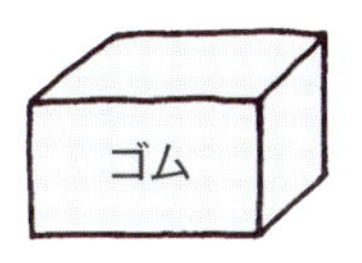

シリカが凝集してしまい
特性が発現しない

シランカップリング剤を配合すると…

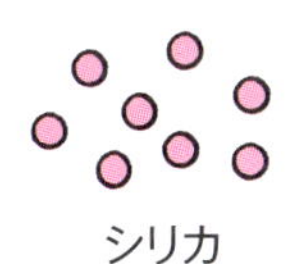

シリカ

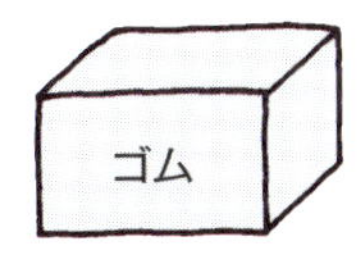

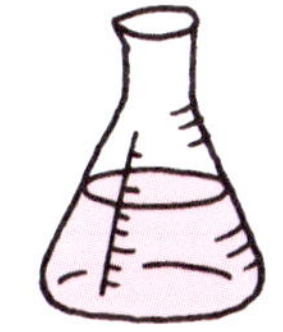

シランカップリング剤

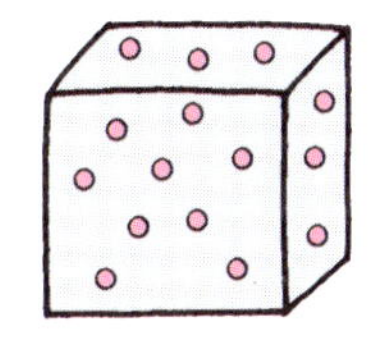

シリカがきれいに
分散して特性が発現!!

38 シランカップリング剤は構造物の延命に貢献

凍害、塩害による劣化を防ぐ

高度成長期に建設されたコンクリート構造物の維持管理が大きな社会問題になっています。コンクリートなどの建築構造物における凍害、塩害などの劣化現象は、その多くが、構造物内部への水の浸入に起因するものと言えます。

例えば、コンクリート内部へ水分が浸入し、これが凍結すると、水の凍結膨張が生じます。これにより、コンクリート内部に膨張圧がかかり、クラック（ひび割れ）が発生します。これが「凍害」という現象です。また、鉄筋コンクリートの内部へ海水が浸入した場合、塩化物イオンが鉄筋を腐食させます。この腐食部分の体積膨張により、クラックが発生します。これが「塩害」という現象です。

こうした吸水による劣化現象をなくし、構造物の延命化を図るための対策として、構造物を浸透型吸水防止剤と呼ばれる材料で処理する方法が広く知られています。この浸透型吸水防止剤は、構造物の表面から内部へと深く浸透し、耐久性のある吸水防止層を形成します。これにより、長期にわたって吸水防止性や遮塩効果を発揮します。

浸透型吸水防止剤の主成分としては、分子内に疎水性基およびアルコキシシリル基を含有するシラン化合物（具体的には長鎖アルキルシラン）が、広く使用されています。これを構造物の表面へ塗布した場合、毛細管空隙を伝って内部へと深く浸透していきます。シラン化合物は粘度が低いため、浸透性に優れています。その後、アルコキシシリル基が構造物と反応して強固な化学結合が形成されることにより、構造物に付与した疎水性を長期間維持させることができます。このようにして、構造物の表面から内部にかけて、耐久性のある吸水防止層が形成されます。

シラン系浸透型吸水防止剤は、構造物内への水の浸入を抑止し、コンクリート建造物の劣化を未然に防ぐという極めて重要な役割を担っています。

要点BOX

- 疎水性基を有するシランカップリング剤により基材表面を疎水化、これで構造物への水の浸入を防ぎ、寿命が延びる

撥水性付与のイメージ

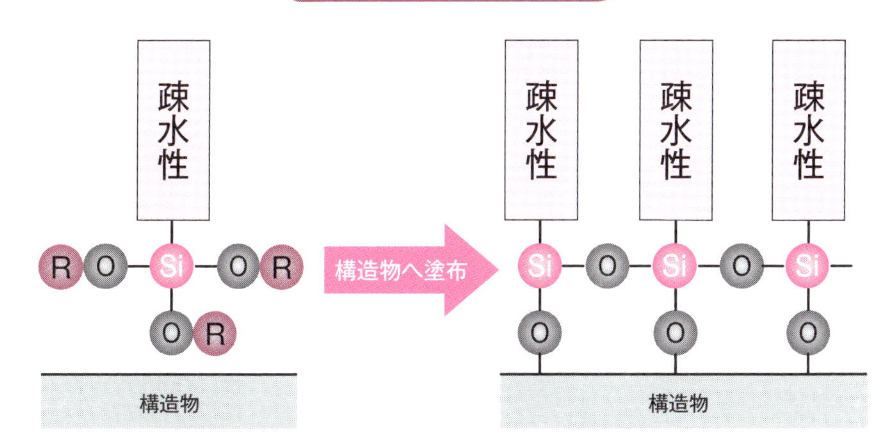

撥水性の様子

シラン処理なし　シラン処理あり

シラン処理により、構造物への水の浸入を抑止できる。

39 シラン化合物を用いて有機樹脂を変性

有機樹脂の特性を改良し、新しい機能を付与

　これまで、金属やフィラーなどの無機材料への処理剤としてのシラン化合物の使用例を紹介してきましたが、このページではシラン化合物を用いた有機樹脂変性について紹介します。

　1つ目の例として、変性SBR（変性スチレンブタジエンゴム）があります。SBRはタイヤの主原料として用いられている有機ポリマーですが、その高性能品に位置づけられるのが変性SBRです。SBR製造時の中間体に親水性を有するアルコキシシランを反応させることにより、ポリマー構造中に親水基を導入することができます。それにより、親水性のフィラーであるシリカと混ぜた際に、SBR中のシリカ分散性が向上し低燃費性などのタイヤ特性が向上します。前章では、タイヤ組成物にスルフィドシランを配合する例を紹介しましたが、原料ポリマーとして変性SBRを用いることで、さらに高性能なタイヤを高い生産性で製造することができるのです。

　2つ目の例として、アルコキシシリル基含有樹脂があります。この樹脂は、アルコキシシリル基を有しているため、空気中の湿気により加水分解縮合反応が進行し架橋物となります。そのため、湿気硬化型樹脂として接着剤や塗料、成形用樹脂等に使用されています。例えば、（メタ）アクリル化合物と（メタ）アクリル基を有するアルコキシシランを共重合させることにより得られる樹脂は、耐久性、表面硬度に優れた材料であり、建築用塗料に用いられています。さらにアルコキシシリル基を有するポリエチレン樹脂は、水架橋性ポリエチレンとして、電線用被覆材や給湯用パイプ等に使用されています。成形時にアルコキシシリル基が水と反応して架橋し網目状高分子となることで、熱的特性、化学的特性、機械的特性が大幅に改善されます。このようにシラン化合物は、有機樹脂に新しい機能を付与することができる様々な可能性のある材料です。

要点BOX

●シラン化合物により有機樹脂を変性し、様々な機能を付与することができる

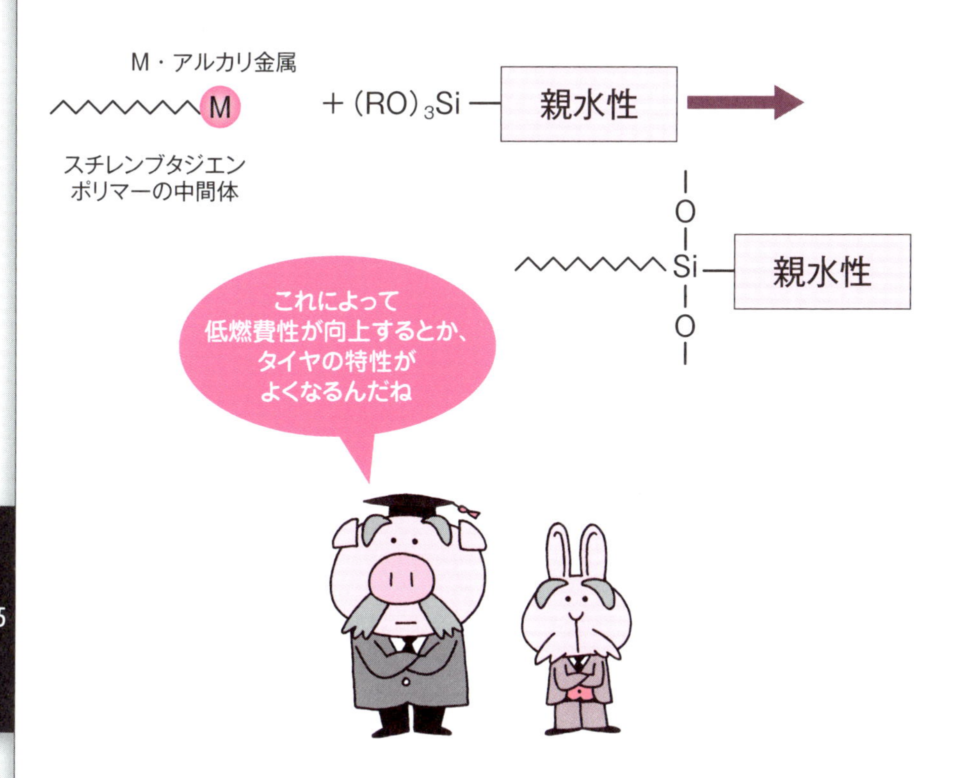
変性スチレンブタジエンゴムの製造例
M・アルカリ金属
M
スチレンブタジエン
ポリマーの中間体
＋(RO)3Si
親水性
O
Si
O
親水性
これによって
低燃費性が向上するとか、
タイヤの特性が
よくなるんだね

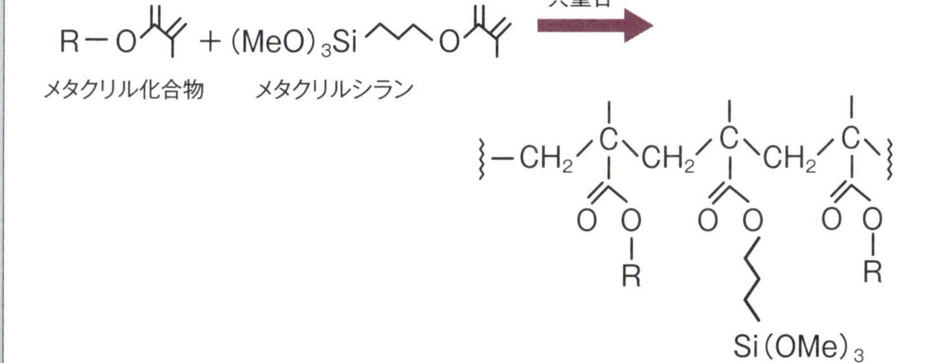
アルコキシ含有メタクリル樹脂の製造例
O
R－O
＋(MeO)3Si
O
共重合
メタクリル化合物
メタクリルシラン
CH2
C
CH2
C
CH2
C
O
O
R
O
O
Si(OMe)3
O
O
R

40 シランカップリング剤からつくるオリゴマー製品

塗料や接着剤への添加剤として有用

　モノマーであるシランカップリング剤を部分的に加水分解縮合させた「アルコキシオリゴマー」という製品があります。アルコキシオリゴマーは、2量体、3量体から分子量1000程度の重合体であり、分子量が比較的高いことによる「低揮発性」、一つの分子に官能基が複数あることによる「多反応点」といったメリットがあります。

　低揮発性のメリットを利用したのが、有機官能基としてメチル基やフェニル基を有するアルコキシオリゴマーであり、触媒を配合することにより耐候性、耐熱性、耐薬品性に優れた室温湿気硬化型のコーティング材となります。触媒の種類やメチル基、フェニル基の量、分子量を調整することで、塗膜の硬度や撥水性、光沢性を自由自在に設計することができ、床用コーティング材や自動車のボディーコーティング剤として広く用いられています。

　アルコキシオリゴマーは、シランカップリング剤に比べ低揮発性であるため、塗工した際に揮発せず高品位な塗膜が安定して得られます。また、加水分解した際に発生するアルコールの量は原料のシランカップリング剤に比べて少ないため、環境にやさしい材料とも言えます。

　多反応点のメリットを利用したのが、エポキシ基やアクリル基等の反応性官能基を有するアルコキシオリゴマーです。こちらは、塗料や接着剤への添加剤として用いられており、一般的にエポキシ系樹脂にはエポキシ基含有アルコキシオリゴマーが、アクリル系樹脂には、アクリル基含有アルコキシオリゴマーが使用されています。一つの分子に複数の反応性官能基があるため、樹脂と効率よく共重合させることができ、硬度や密着性、耐候性、耐水性を付与することができます。

　アルコキシオリゴマーは、シランカップリング剤を原料としているため、その組合せは無限に存在し、用途や目的にあった材料を作ることができます。

要点BOX

- ●アルコキシオリゴマーは、低揮発性、多反応点といったメリットがある
- ●室温湿気硬化型コーティング剤の主剤

アルコキシオリゴマーの構造

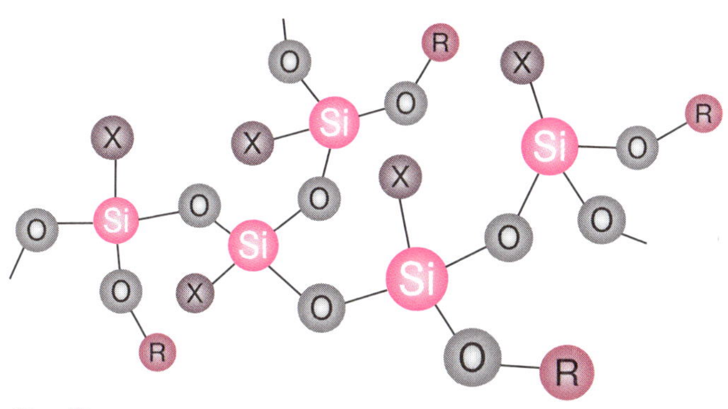

O—R アルコキシシリル基

X メチル基、フェニル基、反応性官能基など

アルコキシオリゴマーの応用例

自動車のボディーコート剤

フロアコーティング剤

Column

どのシランカップリング剤を使えばよいの??

離型性という特徴をもつシリコーンを主原料としたシリコーンシーリング材がなぜ、各種基材と接着するのでしょうか？

それは、シランカップリング剤を配合しているためです。シランカップリング剤を添加することにより、耐候性、撥水性に優れるといったシリコーンの特性と接着性を両立させた材料を作ることができます。

シランカップリング剤のラインナップには、エポキシ基やアミノ基、メタクリル基、メルカプト基等など様々な官能基がありますが、それではどれを選択すればよいのでしょうか？

それは、対象となる基材の種類や、添加する樹脂の種類によって異なるため、明確な答えはありません。基材としては、鉄やアルミ、銅などの無機材料、エポキシやポリエステル、アクリルなどの有機材料があり、それぞれ適しているシランカップリング剤が異なります。鉄やアルミにはアミノシランが、銅にはメルカプトシランが効果を発揮する場合が多いといったこれまでの知見から、検討候補のシランカップリング剤を決めます。その後は、テストをしてみないとわかりません。接着性は、反応性、相溶性、濡れ性などの複合的な要素により決まるため、理論では説明できず経験則に頼らざるを得ない場合もあります。

これまで述べてきたように、系によって最適なシランカップリング剤が異なります。また、どんな材料に対しても効果を発揮する訳でなく、カーボンブラックなどの効果が期待できないものもあります。製造メーカーではどんな樹脂にも混ぜることができ、どんな基材にも接着できる「夢のシランカップリング剤」を目指して、日々、研究開発に取り組んでいます。

シランの反応性

表面の水酸基数	多い			少ない
反応性	高い			低い
無機材料	ガラス シリカ アルミナ	タルク クレー マイカ アルミニウム 鉄	酸化チタン 亜鉛華 酸化鉄	グラファイト カーボンブラック 炭酸カルシウム

第6章 シリコーンゴムは日用品から自動車部品にまで使われる

41 シリコーンゴムってどんなもの？

日用品をはじめ、様々な用途に使われる

皆さんがよく目にするシリコーンゴム製の電子レンジ用調理器、おかずカップ、料理用のヘラなどは、金型と呼ばれる金属製の型の中にシリコーンゴムを流し込み、熱によって硬化させた後に型から取り出したものです。シリコーンゴムは、固まり状のタイプであるミラブル型シリコーンゴムと粘度の高い液体状のタイプである液状シリコーンゴム射出成形システム（LIMS：Liquid Injection Molding System）の2種類に分けられます。

ミラブル型シリコーンゴムはシロキサン単位（シロキサン結合における基本単位「Si-O」）が1万を超える高分子量のシリコーンポリマーにシリカと呼ばれる充填剤と特性向上のための添加剤を混合して作られます。ロールミルと呼ばれる混合機で加工されるためミラブル型と称されます。加硫剤を加えた固まりを金型に入れて上下から押し固めたり、金型の中に強い圧力で押し出したりした後に、熱で硬化させて成形品を作ります。

また、金属製の口金からミラブル型シリコーンゴムを押し出し、そのまま高温の炉を通して硬化させ、成形品を巻き取っていく作り方もあります。電線やチューブ、建築用ガスケットのような長い形の成形品を連続的に作ることができます。

LIMS用シリコーンゴムの場合はシロキサン単位が400～1000程度のシリコーンオイルが原料となります。LIMSとは液状射出成形システムのことで、A剤、B剤の2種類の液状の材料を機械で混ぜ合わせ、そのまま金型内に直接押し出して充填し、熱で硬化させて成形品を作ります。金型への流れ込みがよいため、精密な形状をした成形品が取り出せます。

また、数十個の金型を一つにまとめて材料を押し出せば、一度に数十個の成形品を作れます。自動化も簡単なため、同じ形の成形品を短時間に大量に作ることができます。

要点BOX
- ●ミラブル型は、押出し成形が可能
- ●液状射出成形用は精密な形状の成形品を作ることができる

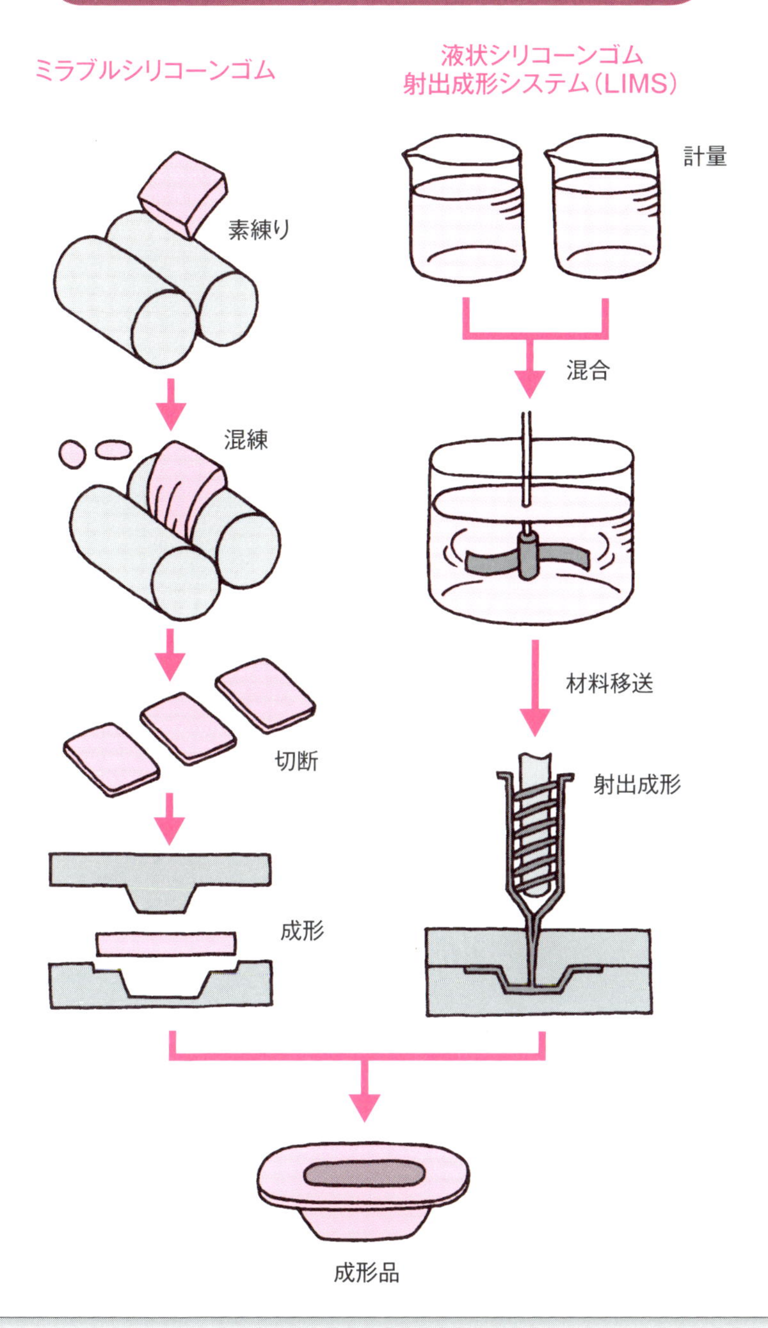
ミラブルシリコーンゴム(HCR)と
液状シリコーンゴム射出成形システム(LIMS)の成形方法
ミラブルシリコーンゴム
液状シリコーンゴム
射出成形システム(LIMS)
計量
素練り
混合
混練
材料移送
切断
射出成形
成形
成形品

42 過酷な環境で使用される自動車用ゴム部品

長期にわたり安定した特性を発揮する

自動車で特に過酷な環境にさらされるエンジンまわりに使用される部品には、高い耐熱性、耐油性、耐溶剤性が求められ、一方で、寒冷地でも使用できるように、低温特性も求められます。このような自動車部品にもシリコーンゴムは使われていて、長期間安定した特性を発揮します。

もしも、低温特性のないゴム部品を使用してしまうと、冬にゴムは硬くなって割れてしまう可能性があります。そうすると使用する部位によっては、燃料漏れやガス漏れ、電装まわりであれば漏電や誤動作など、大きな問題が起こってしまいます。このように、自動車、鉄道、飛行機、船などあらゆる輸送機に、シリコーンゴム部材は必須のアイテムなのです。もちろん、ハイブリッド車やEV車、燃料電池車などにも重要部品として使われています。

●ワイヤーハーネス用シリコーンゴム栓、シール材

自動車の中の電線はとても複雑な配線になっていて、それらを一括してワイヤーハーネスといいます。ワイヤーハーネスは、組立工程の簡略化、接続ミス防止などの作業性の改善や、省スペース化などの機能を持たせることができます。シリコーンゴムは、この電線の接続部のパッキンやゴム栓に使われています。

●マフラーハンガー用シリコーンゴム

車のマフラーは、マフラーハンガー（ゴム部材）で車体に吊って（固定されて）います。車体に吊り下げられているだけですが、エンジンからの振動で細かく震えても、破損せず固定されています。マフラーは高温になりますが、シリコーンゴムは耐熱性に優れていますので、マフラーハンガーとして使用されています。

●フロロシリコーンゴム

フロロシリコーンゴムは、一般のシリコーンゴムよりもはるかに耐油性に優れています。この性能を生かして、耐油性、耐溶剤性が要求されるゴム部品に採用されています。

要点BOX

●低温から高温まで特性変化の少ないシリコーンゴムが自動車部品に使用される
●耐油性に優れるフロロシリコーンゴム

自動車に使われているシリコーンの用途例

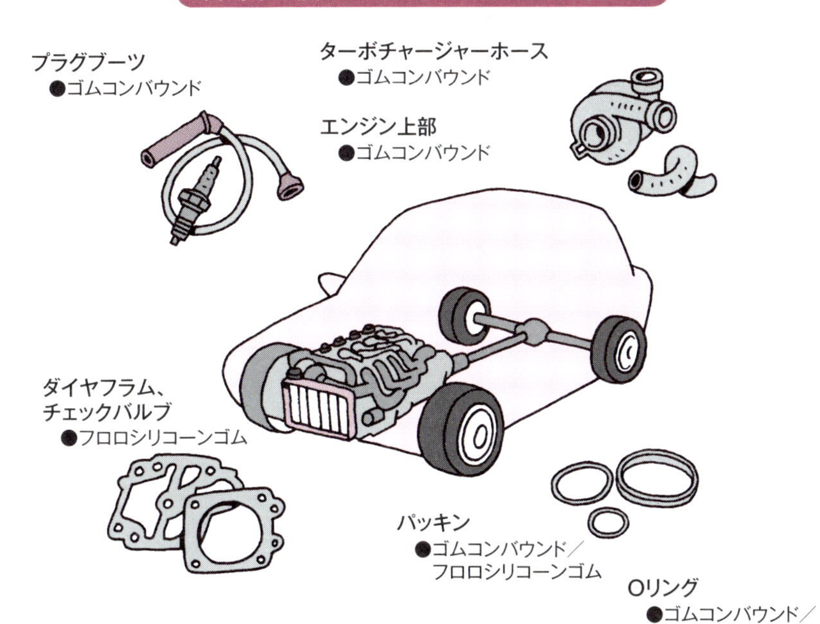

フロロシリコーンゴムの耐燃料油性

材料名	燃料油に浸漬したときの膨らみ（%）
一般のシリコーンゴム	200
フロロシリコーンゴム	20

自動車用シリコーンゴム部材の要求特性

アイテム	求められる性能
プラグキャップ材	耐油性、耐熱性、電気絶縁性
ワイヤーハーネス用ゴム栓、シール材	耐油性、耐熱性、電気絶縁性、防水性
ターボチャージャーホース	耐油性、耐熱性、強度
パワーウインドーのスイッチボタン	たたいた時の疲労耐久性

性能項目	内容
耐油性	オイルを含んで膨らんでしまうのを防ぐ
耐熱性	熱で溶けたり、硬くなったりするのを防ぐ
電気絶縁性	高電圧で穴が開いてしまうのを防ぐ
防水性	水が入り込むのを防ぐ

43 楽しいキッチンタイムを演出するシリコーンゴム

高い耐熱性と安全性でキッチン用品にも

シリコーン製のキッチン用品は、キッチン用品売り場、インターネットショッピングサイト、100円ショップ、さらには料理のレシピ本と一緒に本屋さんでも、よく見かけるようになりました。

シリコーン製のキッチン用品を使うメリットは、料理をする手間を省くことでき、キッチンタイムをより楽しくすることができることです。例えば、シリコーンゴムスチーマーは、電子レンジを使って簡単に蒸し料理ができることから、使用している人も多いと思います。シリコーンゴムは耐熱性が高く、電子レンジの中で高温になっても、ゴムが溶けてしまったり、固くなったりすることはなく、さらに安全性にも優れているため、安心して使用できます。

そのほかにも、ケーキやお菓子を作るときの型にもシリコーンゴムが使用されていますが、これも耐熱性が高く、できあがったお菓子がシリコーン型に付きにくく、型からきれいに離せることが理由です。また、耐熱性や安全性に優れているだけでなく、水洗いができて衛生的、柔らかいので手になじみやすい、テフロン加工の鍋などを傷つけないなどの特徴から、鍋つかみ、鍋敷き、ゴムベラ、落としブタ、おかずカップなどの様々なキッチン用品の素材として使われています。鍋つかみの表面に細かい凹凸を付けることで、じゃがいもの皮むき、瓶のフタ開けなどにも使用できる商品も販売されています。

シリコーンゴムは、低温においても柔軟性を保つことができ、氷が取り出しやすいため、製氷皿としても使用されています。

また、シリコーンゴムは成形がしやすいため、様々な形や大きさのものを容易に作ることができます。さらに、着色剤を使用することにより、容易に着色でき、カラフルな色合いの製品を作ることができます。多彩な形や色をしたシリコーン製のキッチン用品は、楽しいキッチンタイムを演出してくれるはずです。

要点BOX

- ●耐熱性、安全性に優れるシリコーンゴム製品
- ●シリコーンゴムを使用することで、カラフルなキッチン用品を作ることができる

シリコーンゴム製のキッチン用品

こんな
調理器具を使うと
料理も
楽しくなるね

44 安全で快適なマリンスポーツをサポートするシリコーンゴム

オリンピックでも活躍

マリンスポーツには、空気を充填したタンクを使って、海中へダイビング（潜水）するスキューバダイビングや、水面または比較的浅い水中を遊泳するシュノーケリングなどがあります。このマリンスポーツに欠かせないのがゴーグルマスクやシュノーケルですが、ここにもシリコーンゴムが使用されています。

海水の屈折率と空気の屈折率は、大きく異なるため、目が海水に接する場合、正常に物が見えません。ゴーグルマスクは、この問題点を解決するために、周囲の海水と目の間に空気の層を介在させるために作られた水中メガネです。もちろん、海水が目に入らないようにする働きもしています。

ゴーグルマスク本体は、シリコーンゴムからできています。肌にやさしくフィットし、透明性や耐水性、耐候性、安全性などに優れていることが使用される理由です。シリコーンゴムを使用すれば、カラフルなゴーグルマスクを作ることもできます。

一方で、スイミング用品にもシリコーンゴムが活躍しています。オリンピックの水泳選手は、良い記録を出すには、水の抵抗を最小限に抑えることが必要なようです。そのため、スイミングキャップは、シリコーンゴムで作られています。シリコーンゴムは表面張力が小さく、撥水性に優れるため、水の抵抗を最小限に抑えることが可能な材料なのです。競泳において、頭の部分に余計な波を立てないようにして水の抵抗を少なくするのは重要なことです。

スイミングキャップは凹状の型の中に未硬化のシリコーンゴムを入れ、上から凸型で締めてシリコーンゴムをキャップの形状に流し込み、熱により硬化させ、型を外して成形します。シリコーンゴムは流動性に優れるため、部分的に厚かったり、部分的に薄かったりといった片寄りがなく、複雑な形状が設けてある型でも隅々にまで流れ込み、立体的な構造のスイミングキャップを作ることが可能です。

要点BOX
- ●肌にやさしくフィットするシリコーンゴム
- ●水の抵抗を最小限に抑えることが可能

ゴーグルマスクとシュノーケル

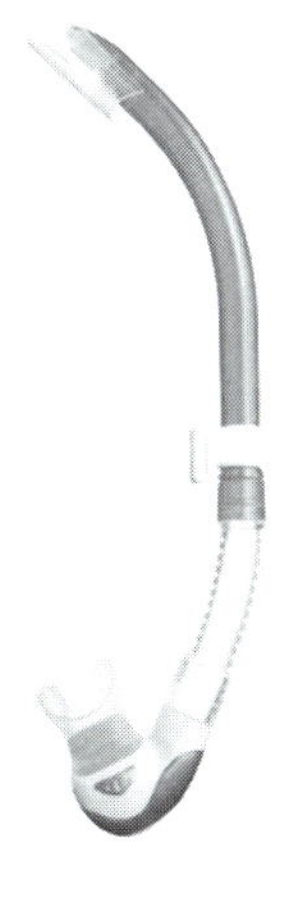

（写真提供：株式会社タバタ）

スイミングキャップ

スポーツシーン
でも
シリコーンは
大活躍だね

45 哺乳瓶の乳首やおしゃぶりに、デリケートな赤ちゃんに優しい

安全第一、煮沸消毒もOK！

　哺乳瓶は、乳首のついた瓶に粉ミルクや母乳を入れて使用する乳児用品で、乳児がお茶や果汁などを飲む場合にも使用します。

　哺乳瓶の構造は、乳首と瓶の部分で構成され、乳首はふたの役割も果たしています。乳首には、授乳のための小さい穴が中央部にあいており、素材としては、天然ゴムやイソプレンゴム、シリコーンゴムなどがあります。また、瓶はプラスチック（ポリカーボネート、他の樹脂）やガラス製で、熱に強く、円筒状の形状や握りやすく凹みの形状をつけたものがあります。

　乳首の中央部にある穴の大きさは、メーカーによって異なりますが、だいたい3〜4種類の大きさがあり、赤ちゃんの成長に応じて使い分けます。例えば、生後間もない赤ちゃんの場合は、一度に、たくさんのミルクを飲むことができませんので、穴も小さいサイズになります。生後3ヶ月ぐらい経つと、飲むことに慣れて、よりたくさんのミルクを飲むことができるようになります。そうなると小さいサイズの穴のままだと飲むのに時間がかかるので、乳首を大きな穴のサイズに替えてもらうことがよいと推奨しています。

　哺乳瓶の乳首に使用されているシリコーンゴムを左ページに掲載します。乳首には、乳児に対して安全性の高いシリコーンゴムが使用されています。

シリコーンゴムは、
①ゴム特有の臭いがほとんどない。
②劣化しにくく、丈夫である。
③熱に強く、煮沸消毒ができる。
などの特長を持っています。

　その他に、乳首に近い柔らかいゴムとして低硬度の材料や、歯の生えた乳児が使用する引き裂きの強い材料が選択されて、使用されています。

　哺乳瓶の乳首以外にも、デリケートな赤ちゃんにやさしい素材として、おしゃぶりやマグカップなど、さまざまな乳児用品に使われています。

要点BOX
●人体への安全性、外観の良さ（透明性）、肌触りの良さから、幼児用遊具、食器、歯ブラシなどにも使用されている

シリコーンゴム製乳首

（写真提供：ピジョン株式会社）

46 家電・生活用品の気密性をしっかり保つ

他のゴムに比べて変形が小さい

私たちが日常生活で使っている家電・生活用品には、内外から液体や気体、また、音や光の浸入や漏れを防がなければならないものが多く存在します。このような製品の気密性をしっかり保つためにはシール材料などが使用され、その多くは弾性体であるゴムでできています。どのような場面で気密性を保つゴムが使用されているかを左表にまとめました。

炊飯器や弁当箱のパッキンは、容器内部から水蒸気や液体が漏れることを防止するために使用されます。パッキンのない弁当箱では、汁漏れが心配で逆さにすることはできませんね。水筒・ボトルなどにもパッキンは使用されています。パッキンがないと、中身を飲む際や、コップに注ぐ際に、フタと本体の間から中身がこぼれてしまいます。

また、携帯電話やスマートフォンの防水パッキンやイヤホン、防毒・酸素マスクでは、外部からの水、音、空気の浸入を遮断しています。携帯電話に防水パッキンが入っていれば、水に落としても壊れることはありません。ゴム製のイヤホンを使用すると、耳とイヤホンが密着して外の音が聞こえにくくなります。そのため、音楽を聴く際に一人の世界に入り込むことができます。防毒マスクや酸素マスクが気密性のない素材でできているとしたら、大変なことです。

このように、多くの製品で気密性をしっかり保つゴム部品は重要な役割を果たしていますが、特にシリコーンゴムが選択される場合が多く見受けられます。ゴムは弾性体といっても、長期間圧縮された状態で放置されると解放された状態に戻してもある程度変形してしまいます。しかし、シリコーンゴムは他のゴムに比べてその変形が小さいため、長期間使用する際にも優れたシール性能を発揮します。また、シリコーンゴムは安全性が高いため、特に、肌に触れる部分や食品容器など、安全性が重要視される用途に使用されています。

要点BOX

●長期間使用しても優れたシール性を維持するシリコーンゴム

身の回りのシール材料の用途例と効果

用途例	効果
炊飯器のパッキン	炊飯器からの水蒸気の漏れを防ぐ
携帯電話・スマートフォンの防水パッキン	外部からの水の浸入を防ぐ
イヤホン	外部からの音を遮断
弁当箱のパッキン	液漏れ防止
防毒・酸素マスク	外気の浸入を防止

弁当箱のパッキン

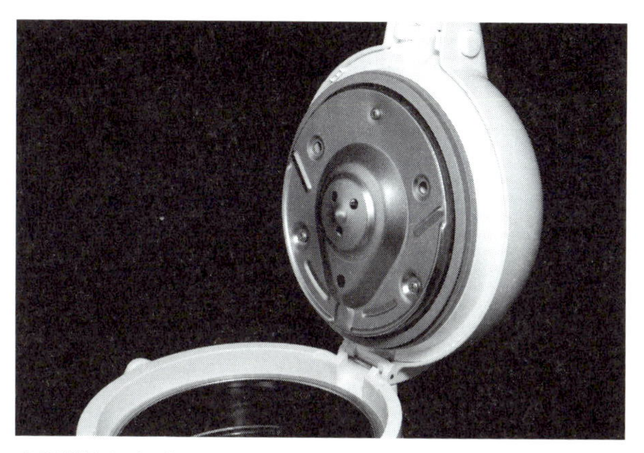

家電製品のパッキン

47 きれいなコピーに欠かせないコピー機のロール

柔らかく、耐熱性、復元性に優れる

コピー機は、印字方法の違いにより、インクジェット式とトナー式に大別されます。家庭で普及率の高いインクジェット式プリンターで印刷した印刷物は、水に濡れるとインクがにじんでしまいます。一方、コンビニやオフィスで使用されている複写機（トナー式）の印刷物は、水に濡れても大丈夫なのを知っていましたか。複写機は、水にとけない、色のついた粉（＝トナーといいます）をインクの代わりに使っているからなのです。

このトナーは黒色（Black）、青色（Cyan）、赤色（Magenta）、黄色（Yellow）の4色あり、それぞれの色を混ぜて緑色や紫の色を作ります。トナーは混ぜて紙の上に載せただけだと粉なので落ちてしまいます。そこでこのトナーを紙に定着（溶かしてくっつける）することが必要になります。トナーはおよそ60℃～100℃の熱で溶けるように設計されており、シリコーンゴムは、2本のロール（ベルト）でトナーが付着した紙を挟みながら紙を送り出すことでトナーを溶かし、鮮やかな画像を印刷するのです。わずかな時間でトナーを溶かし、紙に固定する必要がありますので、定着ロール（ベルト）には、柔軟性と高い熱伝導性が必要になります。また、定着ロール（ベルト）の表面温度は150℃～230℃にもなる場合があり、柔らかくて耐熱性がよく、復元性にすぐれたシリコーンゴムが欠かせません。

左図のように、コピー機には、定着ロールだけでなく、様々なロールが使用されています。感光ドラムの表面にトナーを付着させるために帯電させる必要があります。感光ドラム表面を均一に帯電させるために帯電ロールが使用されています。感光ドラムにトナーを付けるために現像ロール、感光ドラム上のトナーを紙に写し取るために転写ロール、感光ドラム上に残っているトナーを取り除くためにクリーニングロールが使用されています。これらのロールにもシリコーンゴムは使用されています。

要点BOX

●水に濡れても大丈夫な印刷物を刷る複写機に多くのシリコーンゴム製ロール（ベルト）を使用

複写機（コピー機）の構造

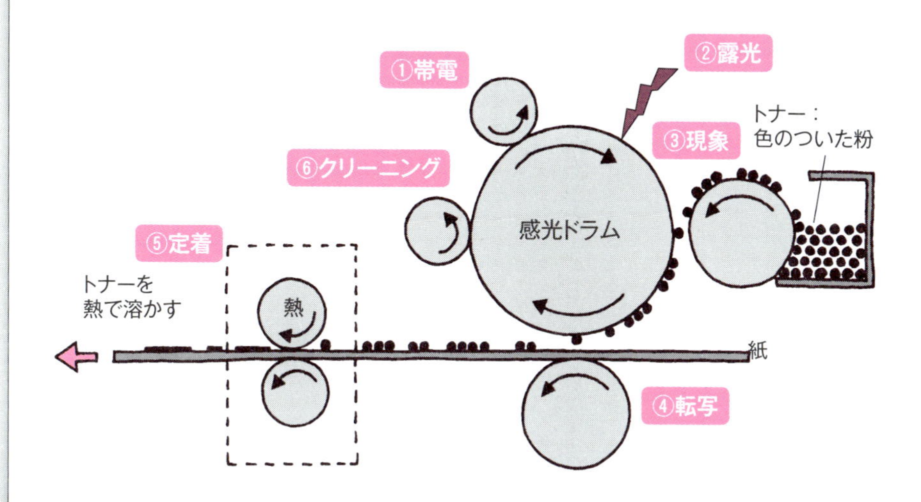

定着ユニット

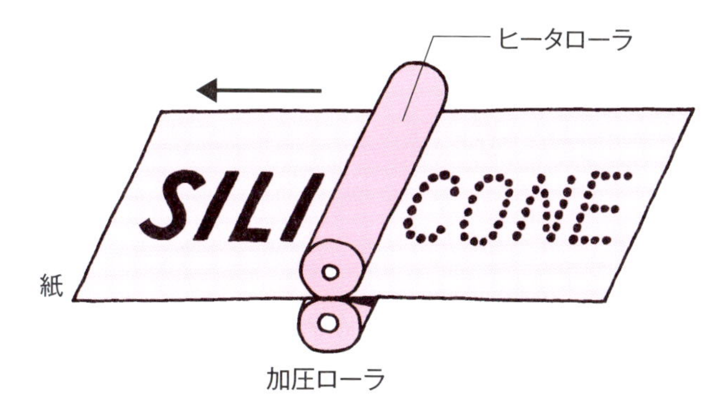

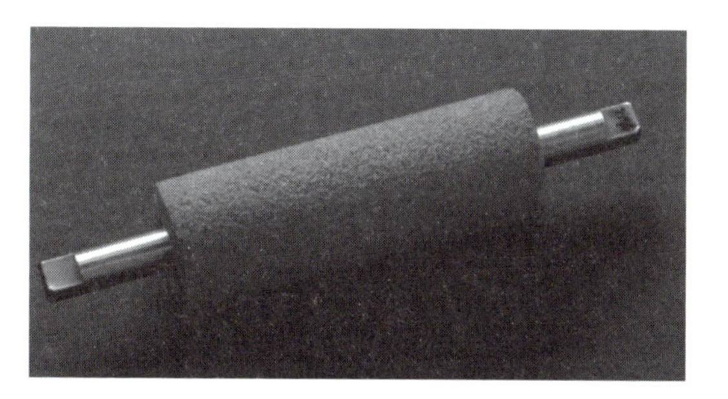

48 難燃性を発揮し、万一の時に力を発揮する

熱の伝わりを遅くして他の材料への延焼を抑制

難燃性という言葉をご存知でしょうか?これは、樹脂に火をつけて燃やしたときにどのくらい継続して燃えるかを分類する指標です。樹脂に火をつけて10秒以内で消えるものは難燃性が良いと言われます。

シリコーンゴムは燃焼しても、有毒なガスがほとんど出ません。それどころか、燃えるとシリカになって酸素を遮断し、燃えにくくなるのです。さらに、微量の触媒を添加するなど各種の工夫をすることで、すぐに火が消える難燃性シリコーンゴムを作ることができますが、他のゴムではそうはいきません。他のゴムでは、ハロゲンと呼ばれる環境負荷物質を添加しないと難燃性にはなりにくいのです。

このような優れた性質から、難燃性シリコーンゴムは燃えると困るような部材に使用されます。例えば、高電圧がかかる部品まわりや電線、建築用ガスケットなどです。この建築用ガスケットは、窓ガラスやドアガラス、パネル外壁を支えるのに使用されます。その理由は、万一の火災の際に、ガラスが落ちて火災が拡大するのを防ぐためです。建築ガスケットに使用されるシリコーンゴムは、耐火ガスケットともいわれ、燃えたあとも、硬くなって、ガラスやパネルを支え続けることが要求されます。そのため、燃えた時にセラミック化するような添加剤を入れています。

また、地下やトンネル内で鉄道火災が起こると、甚大な被害をもたらします。そのため、ヨーロッパでは鉄道車両用防火規格EN45545-2が設定されています。この規格では、燃えにくいことはもちろんのこと、加熱されても熱の伝わりが遅いこと、燃える際に煙の発生量が少ないことなどが求められています。加熱されても熱の伝わりを遅くすることで、他の材料への延焼を抑制できます。また、煙の発生量を抑制することで、乗客が避難する際の視界が確保されます。このような規格に合格するシリコーンゴム材料が、鉄道車両用の電線被覆材料として使用されています。

要点BOX
- ●ハロゲンフリーの難燃性シリコーンゴム
- ●鉄道車両用の電線被覆材料として使用

燃焼試験の一例

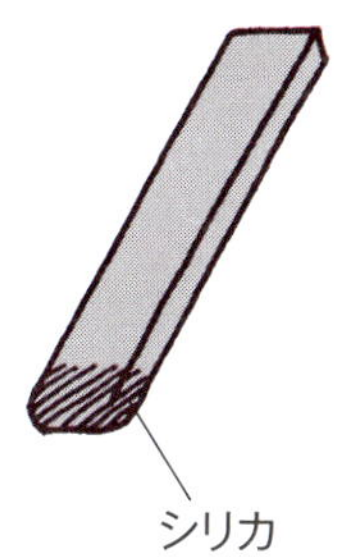

・すぐに炎が消える
・有毒ガスがほとんど出ない

耐火サッシの試験の一例

・窓ガラスが落ちない
・炎が貫通しない

49 人体に対して安全性が高く、医療用やヘルスケア用ゴム部品にも

成形性に優れるため様々なゴム部品に使用される

病院の診察室や手術室には、たくさんの医療装置や医療器具がありますが、いずれもシリコーンゴムが使用されています。

例えば、医療用に用いられる様々な径のカテーテルチューブ（写真）があります。このカテーテルチューブは、体内に挿入しますので、生体適合性のある材料を用いることはもちろんですが、優れた柔軟性も必要ですので、シリコーンゴムが使用されています。

またもう一つの例として、ダイアライザー（写真）について説明します。ダイアライザーは、腎臓が弱っている場合に、腎臓が正常に働くために、血液中の老廃物や過剰水分を除去するために使用される器具のことです。

ダイアライザーの中に中空糸膜というろ過の働きをするフィルターが入っています。この中空糸膜の中に血液を流し、中空糸膜の表面の小さい穴を通して、老廃物の除去を行います。中空糸膜の外側に透析液を循環させて、血液中に不足する成分を透析液側から血液中へ補給します。

このダイアライザーのキャップやシール材として、シリコーンゴムが使用されていますが、その理由は、シリコーンゴムは人体に対し安全性が高い、シール性が良い、成形加工しやすいなどです。

また、睡眠時に呼吸が停止したり、低呼吸となる無呼吸症候群用のマスクにもシリコーンゴムが使用されます。このマスクに使用されるシリコーンゴムは、以下のような特性を持っています。

①人体に対し、安全性が高い
②顔の部分との気密性を保持するため、柔らかい材料である
③マスク基材と強固に接着できる材料である

その他の医療用ゴム用品として、ドレインバルブ、医療用チューブ、医療器具運搬治具の滑り止めなどにも使用されています。

要点BOX
●シリコーンはその優れた特性から、医療やヘルスケアの分野でさらなる活躍が期待されている

各種カテーテルチューブ

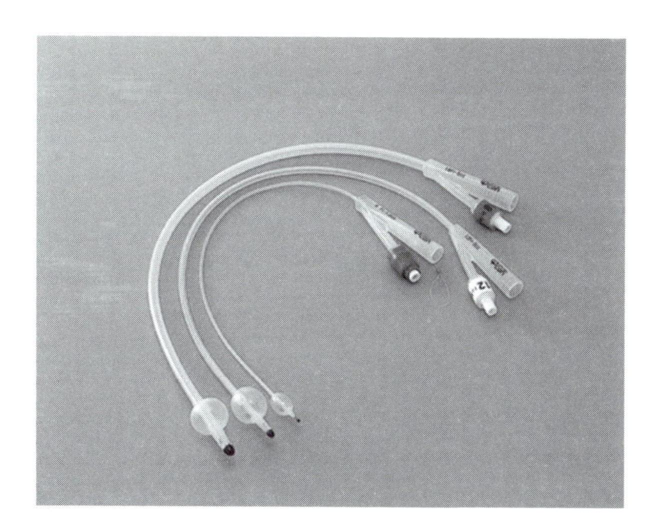

ダイアライザー

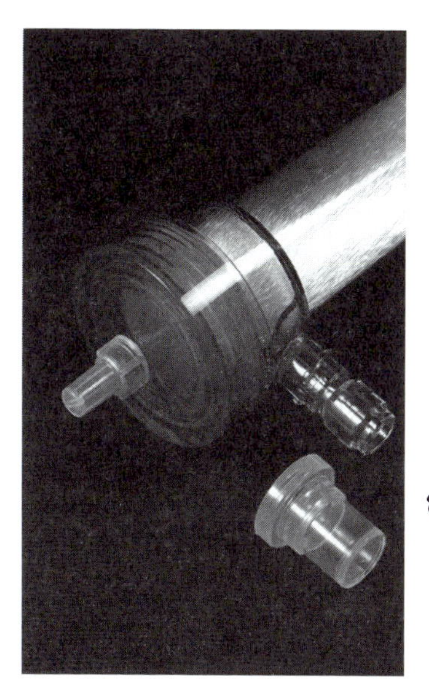

50 電子部品の熱を上手に逃がす放熱シリコーン材料

電子部品の安定動作に貢献

シリコーンには、電子部品などからの発熱を冷却用の部材へと伝熱する際に使われる、放熱シリコーン材料と呼ばれる製品群があります。

電子部品には発熱量が大きいものも数多くあり、実にアイロンの10倍以上にもなると言われています。CPUの発熱密度（単位面積当たりの発熱量）は、半導体デバイスはその性質上、高温で使用すると、誤作動したり、動作が遅くなったり、破損してしまうことさえあります。パソコンやスマートフォンが熱くなり、動作が遅くなってしまったことがあるという方もいらっしゃるのではないでしょうか。このような不具合を避けるために、半導体デバイスからの不要な発熱を外部に逃がしてあげる必要があるのです。

電子部品の放熱方法としては、冷却効率の観点から、ヒートシンクなどの冷却部材に一度熱を伝え、そこから外部に放散する方法が一般的です。その際に必要となるのが放熱材料です。

例として、左図にCPUの放熱構造を示します。電子部品も冷却部材もその表面は目で見ると平らでも、ミクロに見るとその表面は凹凸状になっています。また電子部品も冷却部材も硬いため、両者を直接接触させても、実際には接触面積は非常に小さく、熱は十分に伝わりません。また、電子部品と冷却部材の隙間に空気が存在することで、熱の伝わりを悪くしてしまいます。そこで、両者の間のミクロな凹凸を放熱材料で埋めることで、間接的に接触面積を大きくし、空気を排除することができます。その結果、電子部品からの発熱を冷却部材へと効率良く伝えられるようになります。

放熱シリコーン材料は、シリコーンならではの高い耐久性を持つため、パソコン・タブレット端末・スマートフォンなどの電子機器はもとより、自動車・鉄道・家電・LED照明など、幅広い分野で使用されています。

要点BOX

●放熱材料は発熱部位から冷却部材へと効率よく熱を伝えるため使用され、パソコン・スマートフォン・自動車・家電・照明などに使用されている

放熱材料が使われている製品

放熱材料の実装例

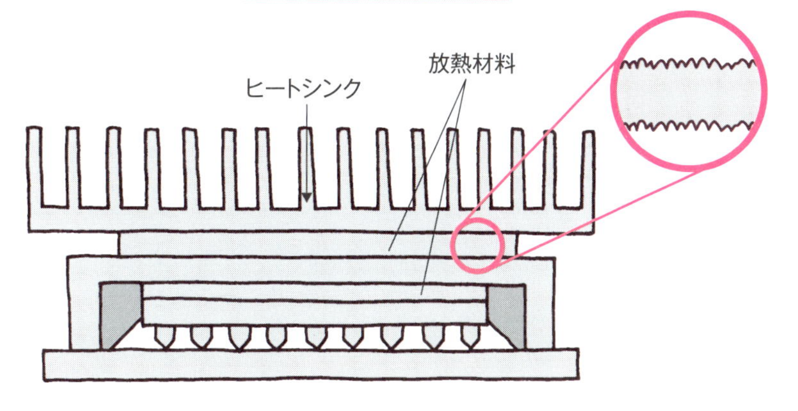

用語解説

ヒートシンク：金属などの熱伝導率が高い材質からなる冷却用部材。冷却効果を高めるために、表面積を大きくしている。渦巻き羽根のような形状をしている物が、パソコンなどの放熱に使用されている。

51 多様な製品で様々な熱問題を解決

放熱シリコーン材料は耐久性に優れる

放熱材料は熱を効率良く伝えるために使われるので、それ自体の熱伝導率が高い必要があります。一般的な有機系の樹脂と同様に、シリコーン自体の熱伝導率は低いため、シリコーンと熱伝導率の高い金属やセラミックスの粉体を混ぜることで、高熱伝導率の放熱材料が作られます。放熱シリコーン材料には、液状材料であるグリース・接着剤・放熱ポッティング材・ギャップフィラー、成型物であるシート・パッド・キャップ・フェイズチェンジマテリアル・熱伝導性粘着テープなど、いろいろな特徴を持つ製品があります。

放熱材料には、実装した際に熱を効率良く伝えることができるように、高い熱伝導率に加えて、柔軟性・耐熱性・耐寒性・耐ズレ性などが要求されます。また、液状材料は基材に塗布して使用するために、塗布時に低粘度であることも求められます。液状材料には、加熱することや、空気中の湿気と触れることで反応するような材料があります。また、2種類の成分からなり、それらを混ぜることで反応するような物もあります。反応によって増粘や硬化させ、材料が動きにくくなることで実装時の信頼性を高めることを目的としています。成型物は固形のため動きにくいという利点があります。また、液状材料よりも厚みがあるため、部材間の公差を吸収することもできます。実装時の取り扱い性も簡便です。

放熱材料は熱を逃がす場所で使用されるため、高温環境で長時間使用されます。また、発熱部材が発熱と冷却を繰り返す場合には冷熱サイクルにさらされることもあり、そのような環境で初期特性を維持することが求められます。放熱シリコーン材料は、ベース樹脂にシリコーンを使用することで高い耐久性を持たせることができます。また、混合する熱伝導性材料の種類を変えることによって様々な特性を付与させることができます。放熱シリコーン材料はその高い耐久性によって、幅広い分野で使用されています。

要点BOX
- ●放熱シリコーン材料はシリコーンと熱伝導率の高い材料を混ぜることで作られる
- ●放熱材料は液状の物や成型物がある

シリコーンと高熱伝導材料を混合して作られる放熱材料

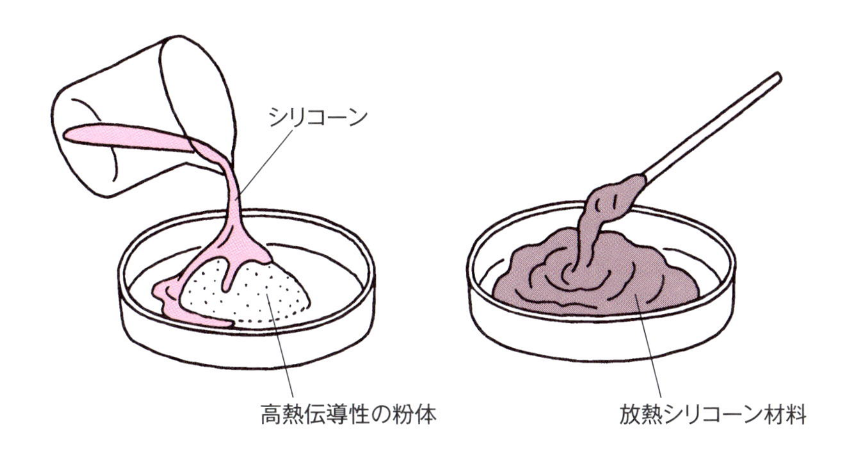

放熱材料の種類とそれぞれの特徴

性状	種類	メリット	デメリット
液状	放熱グリース	凹凸に入りやすい 薄くできる	冷熱サイクルで 材料が動きやすい
	接着剤 放熱ポッティング剤	凹凸に入りやすい 材料が動きにくい	反応を抑える 保存が必要
	ギャップフィラー	凹凸に入りやすい 保存が容易	各成分を混合する 工程が必要
成型物	放熱シート・パッド	取扱性良好 応力緩和可能 寸法公差吸収	凹凸に入りにくい 薄くしづらい
	フェイズチェンジ マテリアル	取扱性良好 凹凸に入りやすい	使用後に 基材から剥がしづらい

52 作業簡単、熱に強く、電気絶縁性にも優れた熱収縮ゴムチューブ

加熱すると収縮するゴムチューブ

シリコーンポリマーの特性を巧みに組み合わせて開発された面白いチューブがあります。それは、加熱すると内径が約2分の1に収縮する熱収縮シリコーンゴムチューブです。このゴムチューブでは、シリコーンゴムに特殊なシリコーンを配合することで、熱収縮特性が付与されています。熱風炉やホットエアーガン等で加熱されると、シリコーンゴムと特殊シリコーンの働きにより収縮が起こり、複雑な形状のものを簡単かつきれいに被覆することができます。

熱収縮チューブは、一般にプラスチック製品とゴム製品が知られており、プラスチックでは、シュリンクフィルムに利用されている塩ビ製品などが有名です。ゴムとしてはシリコーン製品が主流となっています。これは、シリコーンの特徴である電気絶縁性や耐熱・耐寒・耐候性、難燃性、防水性、耐薬品性などを兼ね備えているためです。また、弾力に富むため、異形のものや複雑な形状のものでも被覆しやすく、サイズが豊富に存在することも大きな理由の一つです。

熱収縮シリコーンゴムチューブは、主に被覆、端末処理、絶縁目的で、重電、弱電、家電分野などに幅広く使われています。例えば重電関係では、発電機、車両などの回転機のバスバーとライザーの絶縁被覆に、弱電関係ではコネクターやターミナルの端末処理に、家電関係ではTVトランス、電子ジャーなどの部品や、ヒューズの保護被覆に利用されています。

現在、熱収縮シリコーンゴムチューブは、さらに用途を広げています。例えば、離型性を活かし、マスキングや樹脂モールドの治具として使用することが可能です。また、透明性を活かした、収縮後でも内部が確認できるチューブも存在します。被覆物表面の文字が読み取れるため、マーキング等を行う必要がありません。このように熱収縮シリコーンゴムチューブは、各分野の作業工程の省力化に大きく貢献し、過酷な環境下でも安定した性能を発揮します。

要点BOX
- ●加熱で内径が約1/2になる熱収縮チューブ
- ●複雑な形状のものを簡単に被覆
- ●作業工程の省力化・短縮化に貢献

熱収縮シリコーンゴムチューブの収縮方法

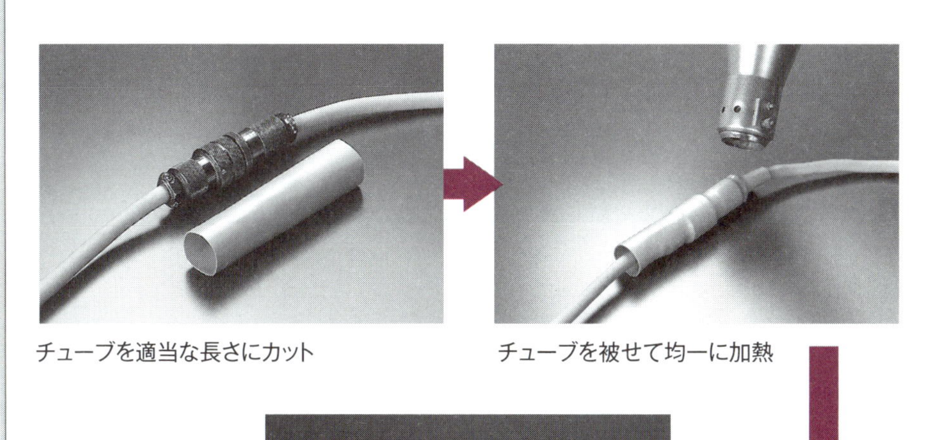

チューブを適当な長さにカット

チューブを被せて均一に加熱

収縮完了

熱収縮シリコーンゴムチューブの用途例

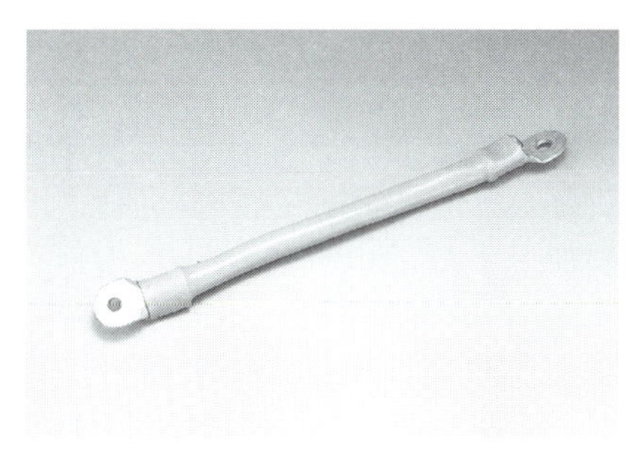

大型モーターアース線の絶縁被覆

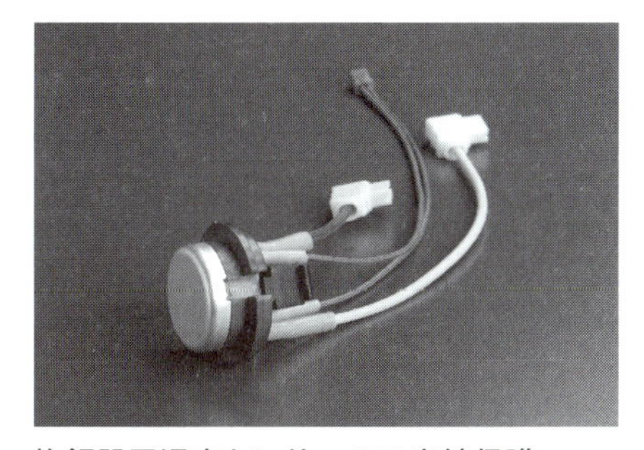

炊飯器用温度センサーの口出線保護

53 電子部品の発熱と電磁波ノイズを同時に解決

電磁波ノイズ抑制・熱伝導性シリコーンゴムシート

電子部品において、近年、大きな問題となっているのが電磁波です。電磁波は、身近なところでは電子レンジなどの加熱調理器具に利用されています。携帯電話やテレビの電波も電磁波に含まれます。電磁波は、うまく利用すれば有効に使うことができますが、ある機器から出た電磁波が他の機器に問題を与え、誤動作や故障を引き起こす可能性もあります。このように外部に障害を与える電磁波を電磁波ノイズと呼びます。

一般的に、電流の周波数が高く、数が多いほど、強い電磁波を放射しやすくなります。したがって、電子機器が高性能化するに伴い、有害な電磁波ノイズを抑制する技術が重要になります。

電磁波ノイズ抑制・熱伝導性シリコーンゴムシートは、シリコーンゴムに電磁波吸収材と熱伝導材を配合してシート化したものです。電磁波吸収材としては、磁気共鳴現象により電磁波のエネルギーを熱に変換する、磁性損失材料と呼ばれるものが使用されています。代表的なものとしては、フェライトや鉄系合金の軟磁性粉が挙げられます。熱伝導性材料としては金属やセラミックス粉が用いられます。

狭い筐体内で複数の素子が併設されている状況を考えてみましょう。素子から発生した電磁波は筐体内で反射したり、外部に漏出したりして、別の素子の誤作動を引き起こす可能性があります。素子に電磁波ノイズ抑制・熱伝導性シリコーンゴムシートとヒートシンクを設置すると、電磁波ノイズはシートにより吸収され、熱に変換されます。シートは熱伝導性も兼ね備えているため、変換された熱は、素子から発生する熱とともに、ヒートシンクに伝達・放熱されます。このように、電磁波ノイズ抑制・熱伝導性シリコーンゴムシートは、熱と電磁波の問題を一挙に解決する優れた材料であり、シリコーンの特長を活かして、長期信頼性が必要な用途で広く使用されています。

要点BOX
- ●電磁波ノイズは電子機器の大敵
- ●ノイズを吸収して熱に変換、電子部品の電磁波と発熱を一挙に解決

電子機器筐体内における電磁波ノイズ抑制・熱伝導性シリコーンゴムシートの働き

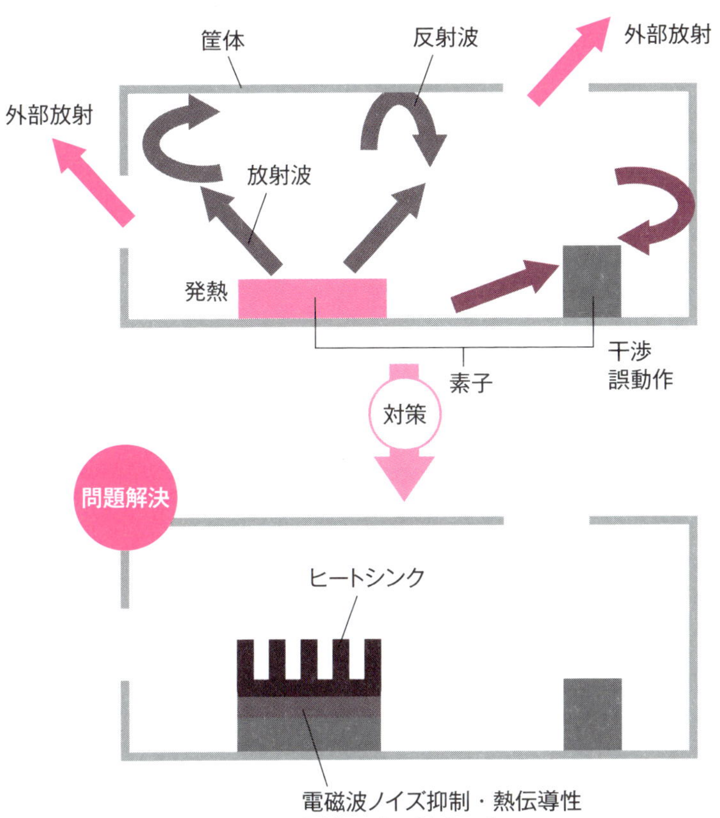

電磁波ノイズ抑制・熱伝導性
シリコーンゴムシート

電磁波吸収

熱伝導

放熱

熱に変換

54 プライマー不要、優れた作業性と信頼性を兼ね備えた防水粘着シート

作業性に優れ、長期にわたって防水・防錆効果を発揮する

近年、施設・設備の保全について関心が高まっており、効果的かつ安価・簡便な保全方法が要求されています。この保全に対し、優れた特性を示すのがシリコーン防水粘着シートです。

「水」は人間の生活に不可欠なものですが、一方で建造物を劣化させる大きな原因になります。コンクリート製の建造物は、水の浸入によりセメント成分が流れ出して劣化していきます。その結果、コンクリートの剥落や、構造体である鉄骨の錆びなど、様々な悪影響がでてきます。

従来から、液状樹脂の塗布や吹き付け、接着剤による防水膜の貼り付けなど、様々な防水工法が用いられていますが、プライマーによる前処理や、現場での材料の硬化・養生などが必要になり、均一な施工が困難でした。また、耐候性や耐熱性が悪い材料の場合、経年劣化によるひび割れが発生し、防水効果を失ってしまう問題もありました。

シリコーン防水粘着シートは、高強度のシリコーンゴム基材層と、シリコーンゲルを用いた粘着層を積層させた構造となっています。シート状のため、防水面の形状に合わせ、現場で簡単にカットし、被着体に押し付けるだけで施工が可能です。シリコーンゲル粘着層は、プライマーなしで様々な被着体に強固に密着させることができ、長期にわたって優れた防水・防錆効果を発揮します。マイナス40℃～180℃の広い温度範囲で使用が可能で、耐候性にも優れています。さらには耐炎性も良好で、発煙筒の直火が5分以上当たっても、延焼や炭化をすることはありません。

これらの優れた特性を有するシリコーン防水粘着シートは、大型タンクの底部と土台との境界部分や、高架橋、トンネル、防火水槽などのジョイント部、遊間部における防水シール材として活用されています。

要点BOX
- ●建造物の保全には、水の浸入の抑制が重要
- ●シリコーンゲルの粘着力で、押し付けるだけで施工可能

シリコーン防水粘着シートの構造

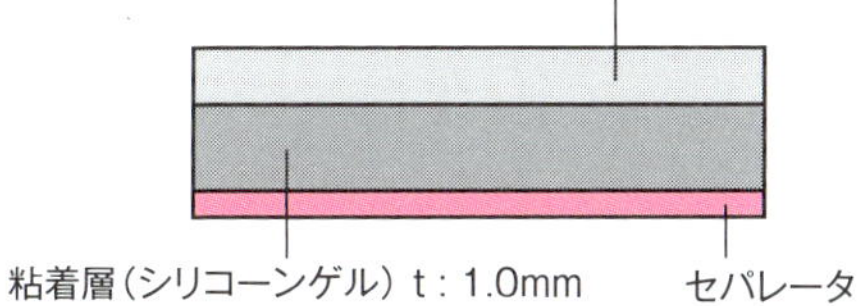

シリコーン防水粘着シートの使用例

高架橋の壁高欄縦目地（遊間）の防水シール

鉄道高架橋スラブ軌道の目地防水シール

シリコーン防水粘着シートの敷設方法

①セパレータを剥がす

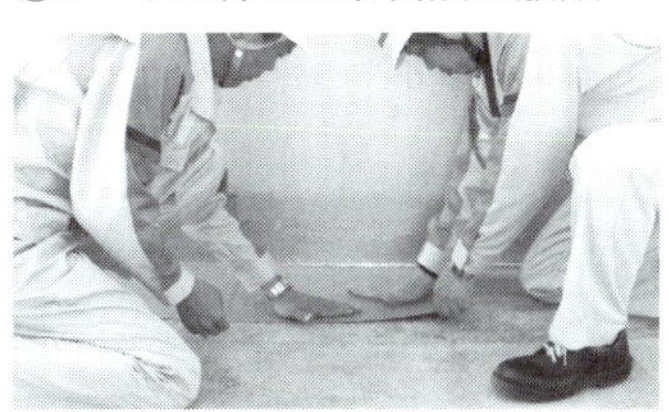

③敷設後、手か加圧ローラーで押さえつける

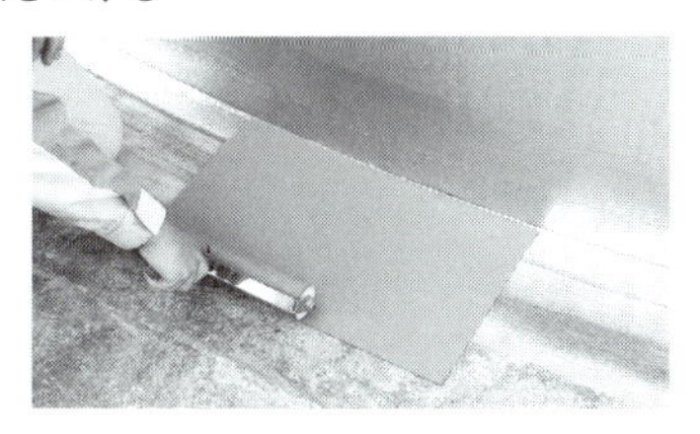

55 様々な形状に成形可能導電性シリコーンゴム

電磁波シールド材としても活躍

材料には、電気を通す「導電性材料」と、電気を通さない「絶縁性材料」とがあります。代表的な導電性材料は、金、銀、銅などの金属材料で、絶縁性材料としては、ゴム、ガラス、セラミックスなどが挙げられます。シリコーンはもともと絶縁性材料ですが、電気を通す導電性のシリコーンゴムも存在します。これはどのようにできているのでしょうか?

シリコーンゴムの特色の一つに、フィラーの充填により容易に機能化できることがありますが、導電性フィラーを充填することで、シリコーンゴムに導電性を付与することができます。代表的な導電性フィラーには、カーボンブラック、グラファイト粉末・繊維、ニッケル、銅、銀などの金属導電粉などがあります。

シリコーンゴムは加工性が良好なため、導電性シリコーンゴムを用いて、様々な形状の加工品をつくることができます。例えば、ミラブルゴムと呼ばれる粘土状のゴムを押し出し成形で紐状に加工したり、シート状に成形して、抜き型で求める形状にしたりすることも簡単にできます。導電性シリコーンゴムを用いた加工品は、金属加工品と比較して、低比重、高弾性であり、柔軟性や耐腐食性に優れています。また、フィラーの種類を選択し、充填量を調整することで、導電レベルを調整することも可能です。

導電性シリコーンゴムは、電極、接点、静電気防止部品や、電気抵抗の変化を利用したセンサー部品などの用途で使用されています。また、代表的な用途として電磁波シールドがあります。電磁波は、その周波数によっては、狭い隙間を通り抜けることができますが、導電性シリコーンゴムからできたシール材で隙間を残さずに囲うことで、電磁波を反射・遮断することができます。このように、シリコーン製の電磁波シールドゴムシール材は、電子機器からの有害電磁波ノイズの出入りを遮断し、機器の安定動作に重要な役割を果たしています。

要点BOX
- ●絶縁性のシリコーンに導電性を付与
- ●加工性・柔軟性に優れ、導電レベルを調整可能
- ●電磁波シールド材として機器の安定動作に貢献

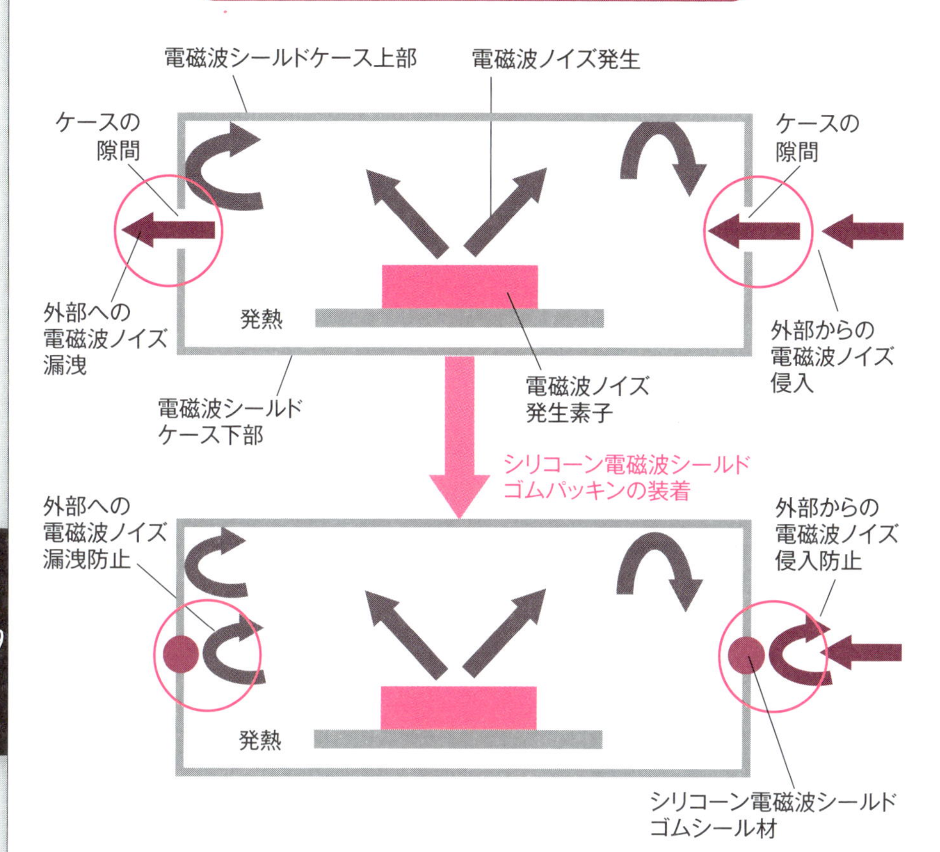
シリコーン電磁波シールドゴムシール材の効果
電磁波シールドケース上部
電磁波ノイズ発生
ケースの
隙間
ケースの
隙間
外部への
電磁波ノイズ
漏洩
発熱
外部からの
電磁波ノイズ
侵入
電磁波シールド
ケース下部
電磁波ノイズ
発生素子
シリコーン電磁波シールド
ゴムパッキンの装着
外部への
電磁波ノイズ
漏洩防止
外部からの
電磁波ノイズ
侵入防止
発熱
シリコーン電磁波シールド
ゴムシール材

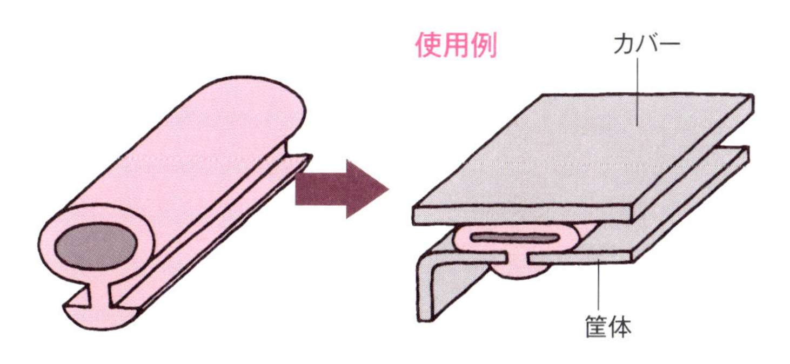
特殊形状シール材の使用例
使用例
カバー
筐体

Column

落としても割れない!ガラスのようだけど、柔らかいシリコーンゴム製のコップ・グラス

ガラス製のコップやグラスは透明できれいなのですが、落とすと割れてしまいます。また、熱い飲み物を入れると表面が熱くなり、冷たい飲み物を入れると結露することがあります。これらのデメリットを解決するのが、シリコーンゴム製のコップやグラスです。シリコーンゴムは柔らかいため、うっかり落としてもガラスのように割れることはありません。小さいお子さんやペットのいる家庭でも安心して使用できます。また、飲み口部分を手で凹ませることで、入り口が小さい他容器への液体の移し替えが容易にできます。

シリコーンゴムはマイナス30℃からプラス200℃までの耐冷性、耐熱性を持つため、熱い飲み物を入れても大丈夫です。電子レンジの使用が可能で、冷凍庫に入れることもできます。熱伝導率が低いので、熱い飲み物を入れても表面が熱くなりにくく、また、冷たい飲み物や氷を入れてもコップやグラスの表面が結露しにくいのです。

シリコーンゴム製のコップやグラスは金型を使って製造しますので、江戸切子のような複雑な形状のものもあります。発売当初は、割れないグラスとしてマスコミにも取り上げられ、話題を呼びました。

(写真提供：信越ポリマー株式会社)

第7章

幅広い用途をもつ液状シリコーンゴム

56 液状シリコーンゴムの分類

使用環境や使用箇所に応じて最適な製品を選択できる

液状シリコーンゴムは、材料の梱包形態によって2つのタイプに分けることができます。全成分を1つの容器に入れておくタイプを「1液タイプ」と呼び、主剤と硬化剤に分け、それぞれ別の容器に分けて入れておき、使用する前に混合して使用するタイプを「2液タイプ」と呼びます。

液状シリコーンゴムは架橋反応が進行することにより硬化（ゴム化）します。その架橋反応は、①室温硬化（縮合反応型）、②付加反応型（ヒドロシリル化反応）、③紫外線（UV）硬化型の3種類があります。

縮合反応型は空気中の湿気（水分）がベースオイルや架橋剤と反応することにより縮合反応が始まり、アルコール、酢酸、オキシム、アセトンが脱離して副生成しながら硬化します。湿気が届きやすい表面から硬化するので、深部硬化は遅くなりますが、室温で硬化させることが可能で、硬化阻害物質もないメリットがあります。湿気に触れなければ1液で室温保存可能、硬化させるのに特別な設備も不要です。

一方、付加反応型では白金触媒存在下でビニル基とSi-Hが反応することにより硬化します。硬化阻害物質がありますので、取り扱いに注意が必要になります。しかし、副生成物は発生しないので、表面でも内部でも均一に硬化し、硬化収縮が少ないメリットがあります。1液タイプでは冷蔵が必要ですが、2液タイプでは室温保存も可能であり、室温で硬化させることも可能です。

最近では、UV硬化型の材料も増えてきています。ラジカル重合型はUV照射することにより光重合開始剤が開裂し、反応性の高いラジカル種が発生し、連鎖反応して速やかに硬化します。しかし、UVが届かない場所では硬化しません。そこで、ラジカル重合型と縮合反応型を組み合わせた製品もあります。白金付加型はUV照射されることにより白金触媒が活性化されて付加反応型が速やかに反応します。

要点BOX

●梱包形態により1液タイプと2液タイプがあり、架橋反応には、縮合型・付加型・紫外線硬化型の3種類ある

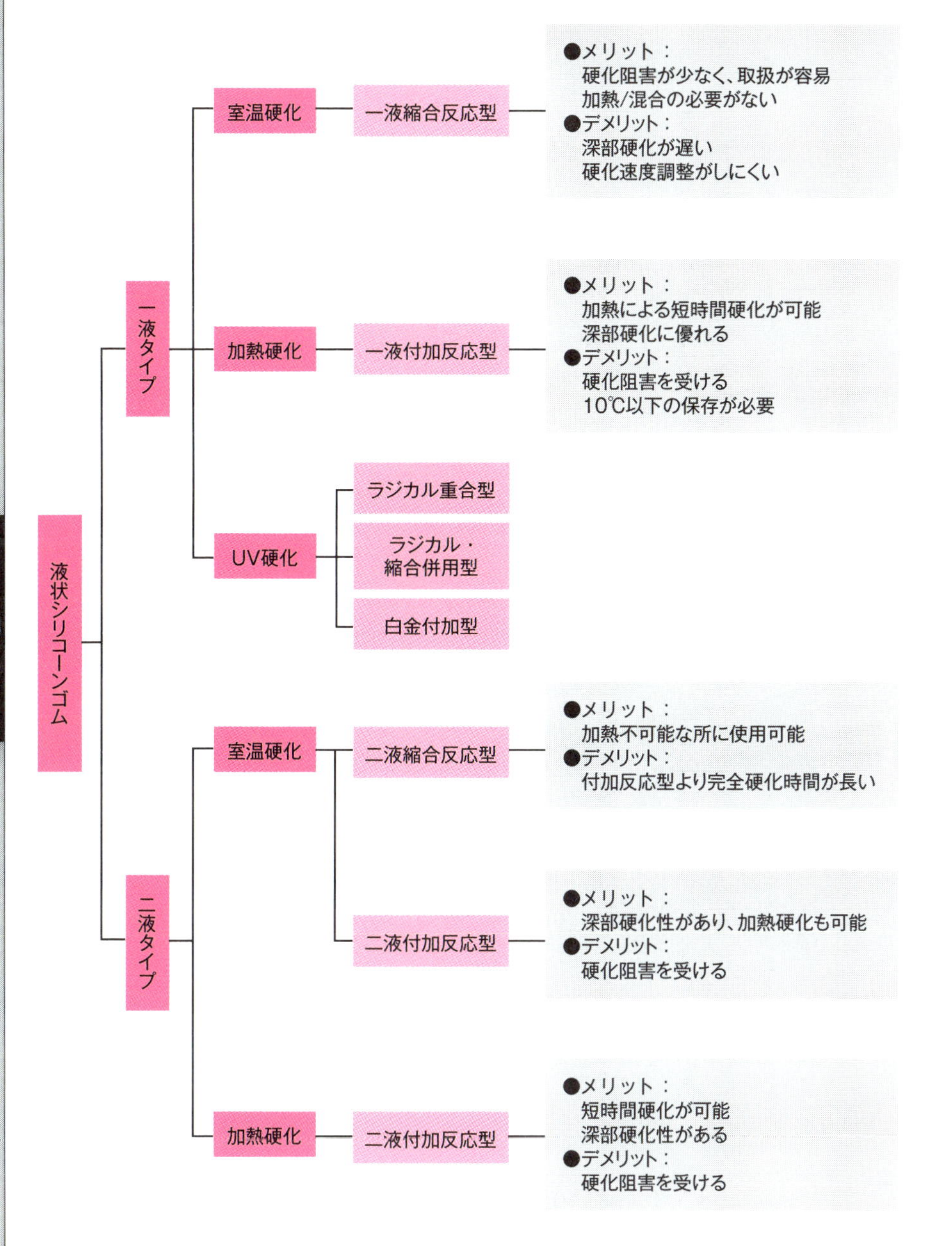
液状シリコーンゴムの分類
液状シリコーンゴム
一液タイプ
二液タイプ
室温硬化
加熱硬化
UV硬化
一液縮合反応型
一液付加反応型
ラジカル重合型
ラジカル・縮合併用型
白金付加型
●メリット：
硬化阻害が少なく、取扱が容易
加熱/混合の必要がない
●デメリット：
深部硬化が遅い
硬化速度調整がしにくい
●メリット：
加熱による短時間硬化が可能
深部硬化に優れる
●デメリット：
硬化阻害を受ける
10℃以下の保存が必要
室温硬化
加熱硬化
二液縮合反応型
二液付加反応型
二液付加反応型
●メリット：
加熱不可能な所に使用可能
●デメリット：
付加反応型より完全硬化時間が長い
●メリット：
深部硬化性があり、加熱硬化も可能
●デメリット：
硬化阻害を受ける
●メリット：
短時間硬化が可能
深部硬化性がある
●デメリット：
硬化阻害を受ける

57 エアバッグの気密性を高める液状ゴム

エアバックの信頼性向上に貢献

現在、自動車用エアバッグは、フロントエアバッグ（運転席、助手席）のほか、側面衝突保護を目的としたサイドエアバッグや頭部保護と車外放出防止を目的としたカーテンエアバッグ、衝突時の腰部の固定と下肢部の保護を目的としたニーエアバッグなどが搭載されています。これらエアバッグは、ナイロン基布にシリコーンゴムをコーティングした布から作られています。

エアバッグは、ケースの中で長い期間折り畳んだ状態で収納されているので、コーティング材には柔軟性と優れた耐熱性、耐寒性、経時劣化が少ないことが要求されます。また、エアバッグを瞬時に展開させるための高温、高圧のガスに耐えるだけの耐燃焼性とナイロン基布に対する接着性が必要です。これらの要求のすべてを満足させる素材がシリコーンゴムです。

エアバッグの製造方法としては、袋状に織られた基布の両面にシリコーンゴムをコーティングする方式（One Piece Woven）と、シリコーンゴムを基布にコーティングした後にコーティング面同士を糸で縫い合せ袋状に仕上げる方式（Cut＆Sewn）があります。前者の方式は、コーティング面が外側に出ることから、展開時の気密性を確保するためにより高強度・高伸長の材料が使用されています。一方、後者の方式では縫製部からガスが抜けてしまうことから、目止め材として展開時の膨張に耐える超高伸長の材料が使用されています。材料は、作業性、塗工性、硬化性に優れる2液混合型の白金触媒を用いた付加硬化型液状シリコーンゴムが用いられています。また、目止め材には、縮合硬化型もしくは付加硬化型の室温硬化型液状シリコーンゴムが使用されています。

最近では、新たにオートバイ用として、車両から放り出された時にジャケットに内蔵されたエアバッグが展開するというものや、歩行者保護のためにフロントバンパー下にエアバッグを装着して歩行者の巻き込み事故を防ぐエアバッグなどが開発されています。

要点BOX

- 柔軟性、耐熱性、耐寒性に優れ、経時劣化が少ないシリコーンゴムをコーティングし、エアバッグの性能を向上させる

車に搭載されているエアバック

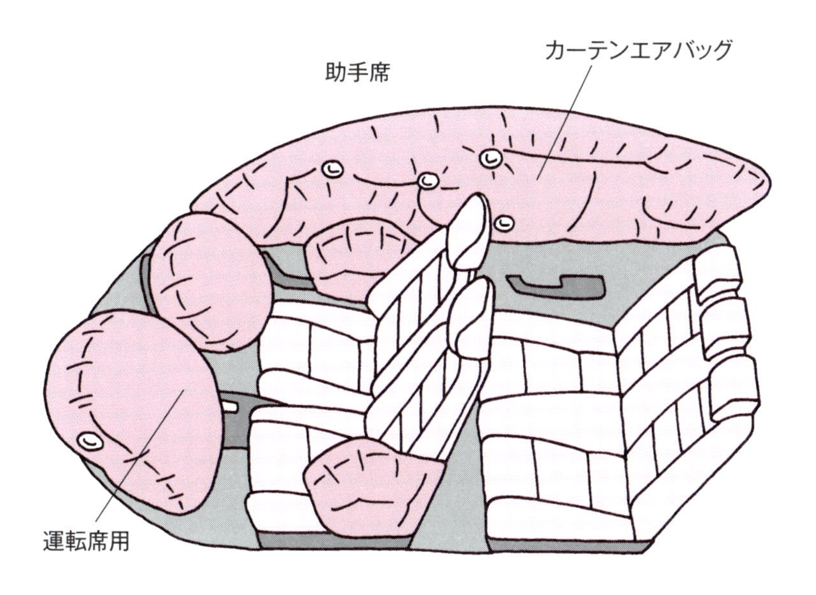

58 歯の型をしっかり取る歯科用印象材に使われる液状ゴム

古くから使われているシリコーン製印象材

液状シリコーンゴムの持つ安全性と転写性、離型性を生かした用途の一つが歯科用印象材です。

シリコーン製の歯科用印象材が世に出たのは意外に古く、縮合硬化タイプのシリコーン製印象材は1950年代後半に、付加硬化タイプのシリコーン製印象材は1970年代後半に開発されています。欧米やアジア圏のほとんどの国でシリコーン製印象材は使用されていて、日本国内における歯科用印象材の市場売上げの約50%はシリコーン製印象材が占めています。

歯科用印象材とは、歯の型を取る際や、上下の歯の噛み合わせを記録する際などに使用される材料のことで、アルギン酸塩印象材やシリコーン製印象材、寒天印象材など、用途や目的に応じてさまざまな種類があります。シリコーン製印象材の特長は、硬化が速く、副生成物が発生しないという付加硬化タイプの液状シリコーンゴムの特長を生かしたもので、具体的には、2液タイプで取り扱いやすく、適切な作業時間を取ることができ、さらに口腔内での硬化性に優れ、寸法精度・安定性に優れ、精密な印象採得を行う際の材料として適しています。

また、適度な強度を持っていることから、口腔内から取り出す際にちぎれや変形が少ない、弾性回復性に優れる、石膏などの模型材と反応せず、面の荒れが発生しないという優れた離型性を持っています。さらには、口腔内で刺激や毒性がないという高い安全性から、シリコーン製印象材が広く使用されています。

このように優れた特長を持つシリコーン製印象材ですが、古くから使用されているアルギン酸塩印象材よりも高価であるため、精密な補綴物（クラウン、義歯、インプラントなど）を製作する際の作業用模型の印象などに使用されていることが国内では一般的です。

高度な歯科医療が増加する中で、安全性と精密性に優れたシリコーン製印象材の活躍の場は、今後さらに増えていくでしょう。

要点BOX
- ●歯科用印象材として液状シリコーンゴムが使用されている
- ●シリコーン製印象材は安全性と精密性に優れる

シリコーン製歯科用印象材を使用した歯型

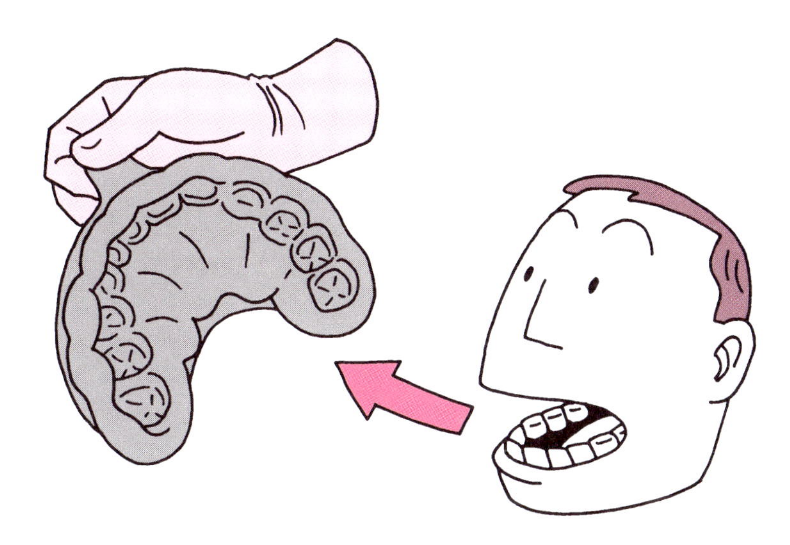

59 高輝度LEDの信頼性向上に応える液状ゴム

シリコーンの熱や光に強い特性がポイント

LEDとは、Light Emitting Diode（発光ダイオード）の頭文字を取った名称であり、電気を流すと発光する半導体の一種です。1990年代に青色LEDとそれを基にした白色LEDが開発されてから、それまで使用されてこなかった様々な分野で使用されるようになりました。

LED製品の形状は様々ですが、信号機やイルミネーションなどに利用されている砲弾型LEDと、液晶バックライトや照明などに利用されている表面実装型LEDの構造を左図に示します。このうち電気が通る部分（LEDチップ、電極、ボンディングワイヤ）と蛍光体以外はほとんど合成樹脂でできています。

合成樹脂の役割としては、ワイヤやLEDチップを保護する封止材料や、LEDチップを基板に取り付けるダイボンド材料、光を反射させるリフレクター材料などがあります。これらの合成樹脂に求められる特性としては、使用中に割れたり剥がれたりすることなく、光を目的の方向にロスなく導くことです。

シリコーンは可視光の透過性に優れるため、透明材料として使用されます。また、白色の粉体（金属酸化物など）を混ぜることによって、光を反射させる材料にすることも可能です。さらに、シリコーンは結合エネルギーの大きいシロキサン結合を有するため、光や熱に強いといった特長があります。照明などに使用されるLEDは光が非常に強いだけでなく、発生する熱も大きくなるため、シリコーン以外の合成樹脂では構造が壊れてしまい、変色（＝可視光の吸収）が起こります。変色は、外部に出力される光量が低下してしまうという重大な問題を引き起こします。

そのため今では高出力のLED製品にシリコーンが必須になりました。それに伴い、硬いものや柔らかいもの、屈折率が高いものや低いものといった物性の異なるLED用シリコーン材料が開発され、様々な種類のLEDに使用されています。

要点BOX

- 白色LEDが開発され、用途が広がった
- 用途に合わせて、高出力のLEDが増えた
- 高出力LEDにはシリコーンが不可欠

砲弾型LED

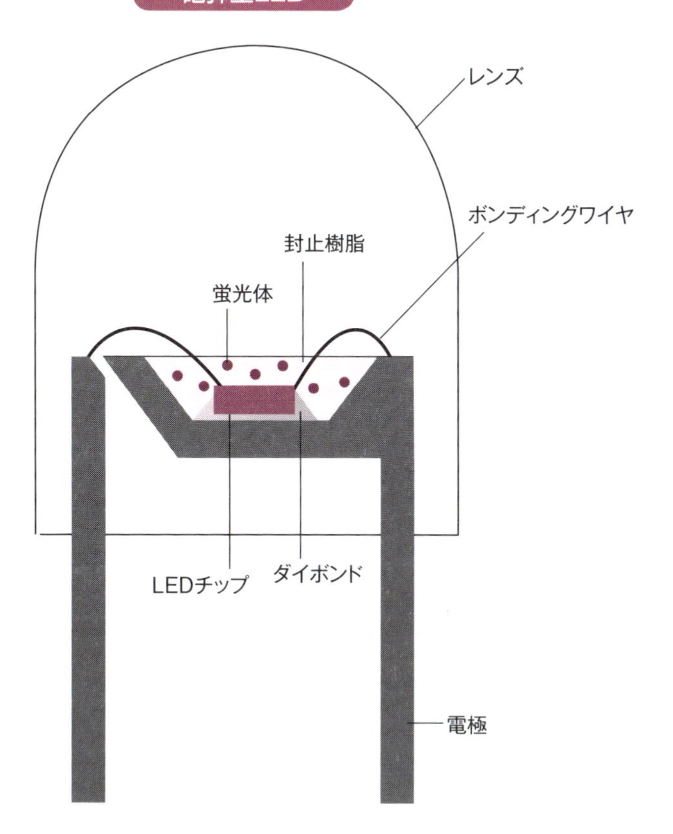

表面実装型LED

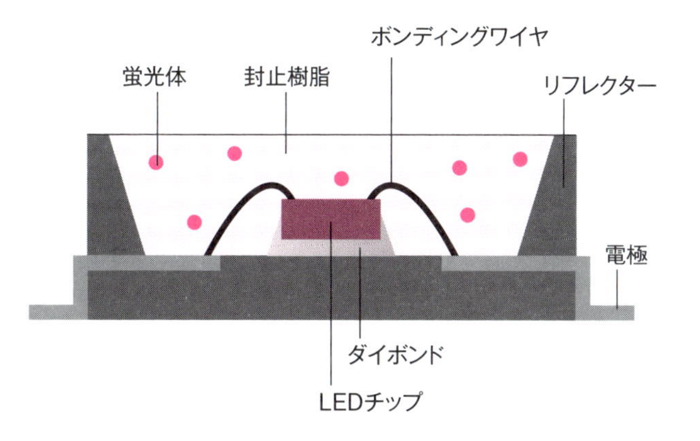

60 外観も質感も本物そっくりに再現する液状ゴム

シリコーンゴムは食品サンプルの材料にも使用

レストランのディスプレーに並ぶ本物そっくりでおいしそうな食品サンプルを誰もが一度は目にしたことがあると思いますが、この食品サンプルの製作に液状シリコーンゴムは欠かすことができません。

液状シリコーンゴムは、優れた転写性と離型性を兼ね備えています。この特性を利用して、ポリエステル樹脂、エポキシ樹脂、発泡ウレタン、石膏などで複製をつくる場合の型取り母型用として適しており、原型の形状を忠実に再現することができます。手軽に誰でも簡単に型取りができるため、工業分野はもちろん、趣味を生かした複製品の製作などに幅広く使用され、その用途の一つに「食品サンプル」があります。

食品サンプルの製造方法は、食品の現物や粘土などから作られた原型を用い、室温で硬化することが可能な2液タイプの縮合硬化型液状シリコーンゴムで母型を作ります。この母型に、ポリウレタン樹脂などのプラスチックを流し込んで硬化させることにより、本物そっくりのサンプルを作ります。

一方でシリコーンゴムは耐候性に優れ、ディスプレーとして展示していても変色などの劣化もないことから、食品サンプルの材料としても使用されています。

シリコーンゴムのもつ風合いを巧みに利用し、クリームパフェやショートケーキのクリームなどには建築用シーリング材で使用される1液タイプの縮合硬化型液状シリコーンゴムが使われ、生ビールの泡には耐火断熱シートに使用されるシリコーンゴムスポンジ材料が使用されています。また、氷や水のサンプルには、電子部品などのポッティング材に使用されている付加硬化型の液状シリコーンゴムが利用されています。

食品サンプル以外にもフィギュアや玩具、美術工芸品、家具部品などの製造用として、あるいは美術品や遺跡、遺物の複製用に、さらには真空注型装置を用いた高精密樹脂成型品の試作モデルや小ロットの樹脂部品の製造用などにも幅広く使用されています。

要点BOX

- ●食品サンプルを複製する母型に液状シリコーンゴムを使用
- ●シリコーンゴムも食品サンプルの材料に使用

シリコーンゴムを使った食品サンプル

型取り用シリコーンゴムの使用例

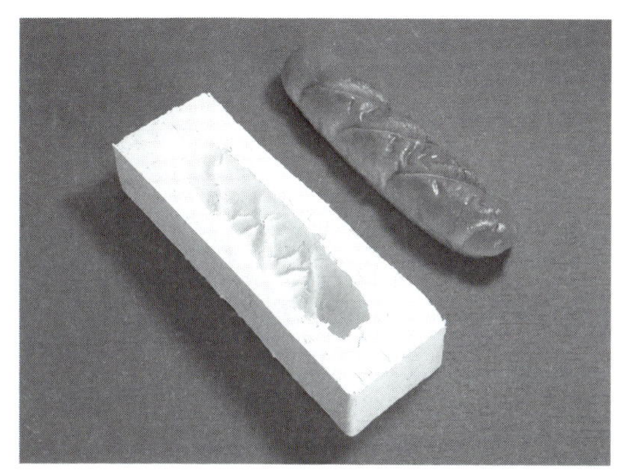

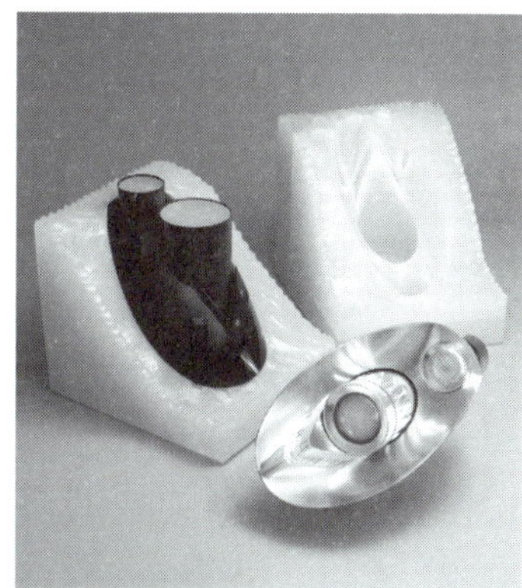

61 振動や衝撃から自動車の電装品を保護するシリコーンゲル

省エネルギー化に貢献

持続可能な社会の実現に向けて自動車業界では、二酸化炭素の排出量を削減すべく燃費規制が厳しくなっています。ハイブリッド車のみならず、プラグインハイブリッド車や電気自動車、燃料電池車の市場に占める割合は大幅に増加することが予想されています。

この電動化を支える基幹部品の一つがインバータです。このインバータの役割は、電池に蓄えられた直流電力を交流電力に変換し、車速に応じて周波数を調整する役割を担っています。

インバータの中には、図のように発熱するパワー素子やボンディングワイヤーが存在しています。このような電装品がむき出しのままになってしまうと、ゴミや水分が入ってしまいます。そこで、付加反応型シリコーンゲルを注入し、加熱硬化させれば、ゴミや水分から電装品を守ることができます。シリコーンゲルは架橋点が少なく、非常に柔らかいゴムです。この柔軟性により電装品にストレスを与えずに外部より加わる振動や衝撃を和らげることができます。また、パワー素子の付近はマイナス40℃~200℃まで温度変化しますので、その温度領域で柔らかさを長期にわたって維持できなければなりません。シリコーンは耐寒性があり、耐熱性も高いので、この用途に適しています。このシリコーンゲルの柔らかさは「針入度」で表されます。これは、規定重量を有する針をシリコーンゲルの上に落下させて、その侵入量から定義しています。針入度が大きいほど柔らかいことを示します。また、パワー素子にかかる電圧は大変大きいので、シリコーンゲルには高い電気絶縁性が求められます。さらに剥がれてしまうと信頼性が損なわれてしまうので、素子に密着している必要があります。

インバータは、車以外にもエアコンや鉄道にも必須の部品となっており、今後ますます需要が伸びていくことが見込まれています。間接的ですが、シリコーンはこのような省エネルギー化にも役立っています。

要点BOX

●インバータに耐寒性と耐熱性を両立する柔らかいシリコーンゲルが使用されている

シリコーンゲルを使ったインバータ

構造図

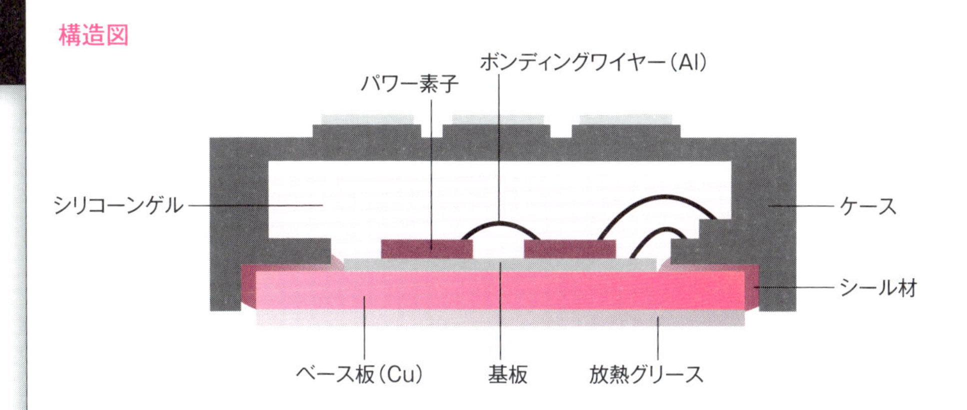

62 建築用シーリング材

接着性、変位追従性が求められる

ガラス張りの建物は、スタイリッシュでおしゃれな外観、建物の中を明るくできるため、ビルだけではなく、公共施設や住宅でも見かけるようになりました。それらの建物のガラスをしっかり支えているのが、建築用のシリコーンシーリング材です。

シリコーンは、基本的特性として紫外線に強く、長期耐候性に優れる特長があるため、建築用シーリング材として最適な材料です。

また、使用される目的は主にガラスまわりの防水シールのため、防水性を確保するために建築物に使用される被着体への接着性が必須で、さらに地震や台風により建築物が動くため変位追従性も要求されます。そのため、それらを併せ持つシーリング材が設計され、使用されています。

実際にシリコーンシーリング材が使用されている超高層ビルは50年以上経っても建て替えられることなく現役として使われています。その実績から高層ビルやタワーマンション、公共施設など様々な建築物に使われています。

シーリング材の中には変成シリコーンと呼ばれる製品もあります。名称にシリコーンの名前が入っていますが、ベースポリマーはポリプロピレングリコールであり、化学組成上はシリコーンではありません。一方で硬化(ゴム化)する際、ベースポリマー末端の加水分解性シリル基が反応することによりシロキサン結合を生成します。つまり、シリコーンと同じ構造になるため、架橋構造はシリコーンと同じです。特徴はゴム表面への塗装が可能であり、シーリング材周辺が汚れにくい点が挙げられますが、シリコーンシーリング材に比べて耐候性や接着性に劣ることが知られています。

また、シリコーンシーリング材は耐候性に優れていることから、高速道路の高架道路、橋梁などのフィンガージョイント部、農業用水路目地などの土木分野でも活躍しています。

要点BOX

- ●建築用シリコーンシーリング材が様々な建築物のガラスを保持
- ●シリコーンシーリング材は土木用途でも活躍

シーリング材の3条件

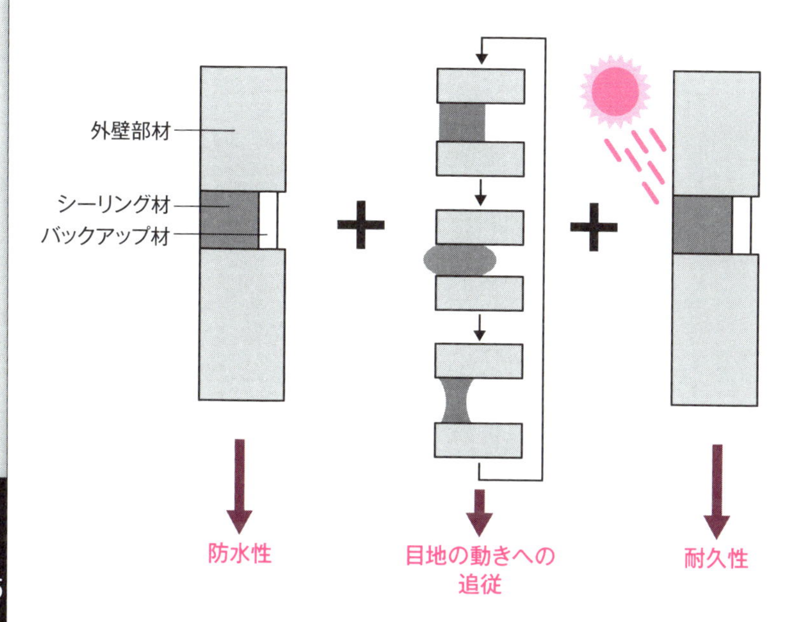

シリコーンシーリング材の使用例

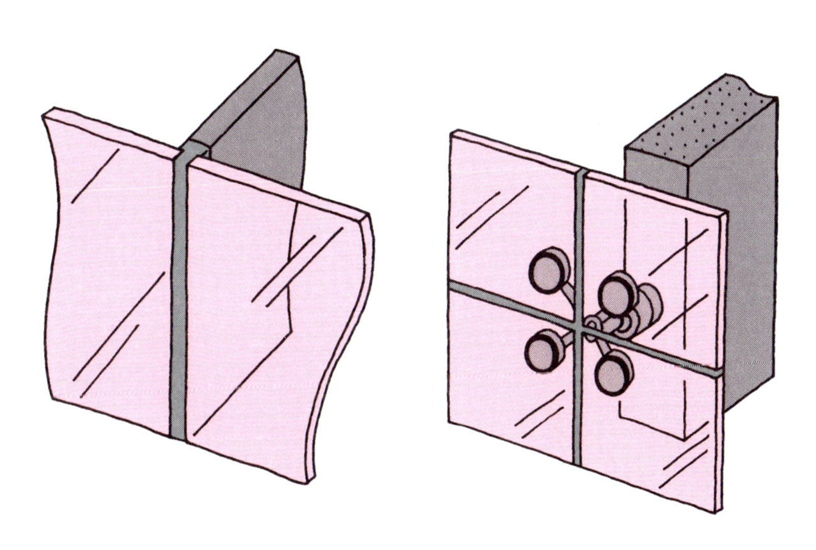

63 水まわり用シーリング材

容易に入手でき日曜大工にも使われる

室内の浴室や洗面所などの水まわりでもシリコーンシーリング材が活躍しています。目的は壁と浴槽、洗面台の隙間などに水やゴミなどが浸入するのを防ぐためです。特に浴室や洗面所では日常的に水がかかるため、基本特性として撥水性があるシリコーンシーリング材が適しています。また、耐久性、接着性にも優れているため、気密性と防水性を長期間にわたって発揮します。さらに着色も容易なため、壁材の色に合わせてシーリング材の色を選べる利点もあります。

浴室などの水まわりに使用されるシーリング材は常に水に晒されているため、カビが生えやすい箇所になります。そのため、防カビ剤が配合されているシーリング材が使用され、その性能は多くの場合、JISに定められた「カビ抵抗性試験」により確認されています。

シリコーンシーリング材の1成分タイプの製品は、封を開ければすぐに使用できる使い勝手の良さもあり、ホームセンターなどでも一般消費者向けにも販売されています。そのため、容易に入手でき、日曜大工や戸建住宅の補修などで使われ、防カビ剤が配合されたシリコーンシーリング材も市販されています。

シリコーンシーリング材は、空気中の湿気と反応し、微量のガスを放出しながら硬化（ゴム化）します。そのため、作業する際、パッケージに記載の通り、換気の良い場所で行う必要があります。しかし、一般的な製品で発生するガスはメチルエチルケトオキシム（MEKO）という物質で、その臭いは特有のため、苦手とする人もいるようです。その際は、アルコール（主にメタノール）が発生するタイプも市販されていますので、そちらを使用してください。また、硬化（ゴム化）には湿気が必要なので、低温低湿下では性能を発揮するまでに時間がかかるので、注意が必要です。

また、MRSAなどによる院内感染やアメニティ志向から抗菌性能の要求もあり、抗菌剤配合のシーリング材も販売されています。

要点BOX

- 室内でもシリコーンシーリング材が活躍
- 水まわりには、防カビ剤配合のシリコーンシーリング材を使用

防カビ試験結果

試験方法	防カビ剤なし	防カビ剤あり
JIS Z 2911 *1	3	0
ASTM D 618 *2	2	0

*1 JIS Z 2911 付属書A　プラスチック製品の試験方法Aに準拠
判定基準
0：肉眼および顕微鏡下でカビの発育は認められない
1：肉眼ではカビの発育は認められないが、顕微鏡下では確認できる。
2：菌糸の発育が肉眼で認められるが、発育部分の面積は試料の全面積の25%を超えない。
3：菌糸の発育が肉眼で認められ、かつ、発育部分の面積は試料の全面積の25%を超える。

*2 ASTM D 618に準拠
判定基準
0：試験片上にカビの発生なし
1：試験片上に僅かにカビが発生（10%以下）
2：試験片上に1/3以下のカビが発生（10~30%）
3：試験片上に2/3以下のカビが発生（30~60%）
4：試験片上に2/3以上のカビが発生（60%以上）

64 3Dプリンタの造形材料にも使われる

紫外線硬化性シリコーンが使用されている

3Dプリンタとは、立体物（3D）を印刷（プリント）することができる装置のことです。パソコンで編集した文章や図をコピー機で簡単にプリントできるのと同じような感覚で、望む立体物を手軽にプリントすることが可能です。この技術を用いることで、今までより短時間で新しいデザインの立体物をプリントして確認することができるようになりました。その結果、実際に多くの企業で3Dプリンタは導入されており、最新の飛行機や自動車、電化製品の部品を設計する際に活用されています。

すでに様々なタイプの3Dプリンタが発明されていますが、すべての3Dプリンタに共通している仕組みは「数十～数百ミクロンの厚みの薄膜を積み重ねて三次元の立体物を構築していく」ことです。その仕組みの一例を左図に示しました。

3Dプリンタの造形精度は積層する薄膜の厚みが決めています。厚みが数十ミクロンの時は造形物の表面は滑らかに見え精度よく造形できますが、厚みが数百ミクロンになってしまうと造形物の表面に積層痕（縞）が生じてしまうこともあり、使用用途によっては注意が必要になります。

また、プリントしたい立体物に合わせて造形材料や色彩を選ぶこともできます。様々な金属や樹脂が選べますが、樹脂だけに注目しても多種多様な樹脂をプリントできるようになってきました。近年では柔軟性があり、耐熱性や耐候性の高いシリコーンもプリントできるようになっています。高精細かつ短時間でプリントすることを可能にするためには造形材料もまた短時間で速硬化する材料でなければなりません。このような用途には、紫外線（UV）硬化性シリコーンを用いるのが最適だと言えます。3Dプリンタの魅力は、本体の性能のみならず、プリントできる造形材料の種類にも大きく左右されるので、3Dプリンタと造形材料の一体となった開発が今後ますます重要です。

要点BOX

●3Dプリンタは材料を積層して立体物を造形する手法で、その造形材料として液状シリコーンゴムを選べる

DLP方式3Dプリンタの例

プラットホームと槽の間にある造形材料にプロジェクタによるUVが照射されるとUVが照射した部分だけ硬化します。その後プラットホームが上昇し、また液体の造形材料が入り込みます。入り込んだ造形材料にUVが照射されて材料がまた一層分硬化して造形物が積み上げられていきます。この繰り返しで造形物が作成されます。

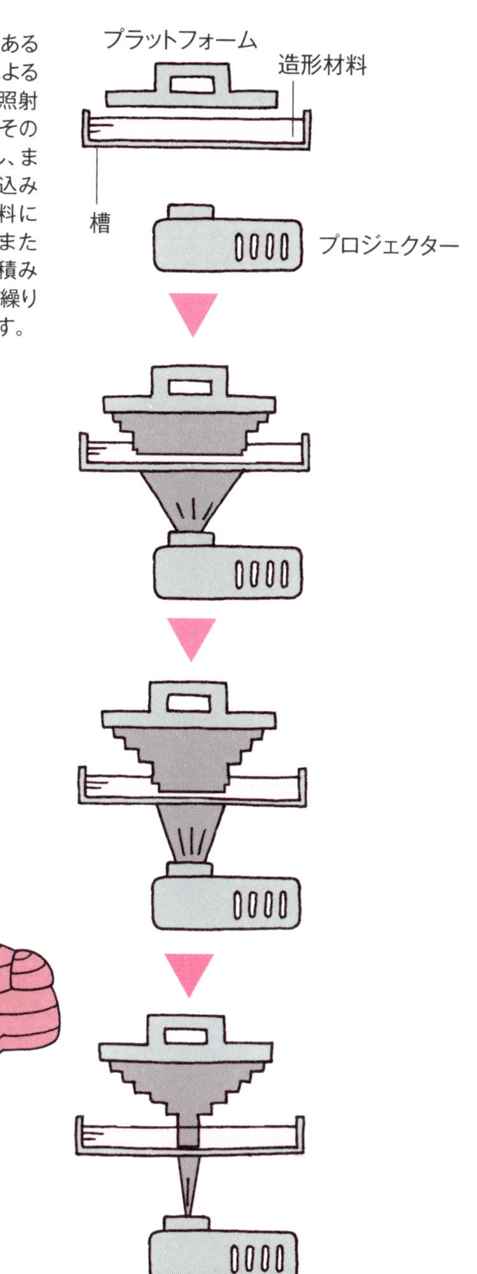

65 長期の屋外使用にも優れた耐久性を示す

太陽電池用シリコーンゴム

地球環境にやさしく、クリーンなエネルギーとして世界規模で普及している太陽光発電に使用される太陽電池モジュールは、10年、20年と長期間にわたり安定した品質が要求されます。そのため、耐候性、耐久性に優れたシリコーン材料が使われています。

シリコーン材料の使用用途は、①太陽電池パネルとアルミフレームの接着材、②端子ボックスとバックシートとの接着材、③端子ボックス内のポッティング材、④透明封止材になります。

①は太陽電池内部への、②は端子ボックスへの水や異物の浸入を防ぐために使われています。両面テープが使われることもありますが、耐候性や接着性に優れた建築用シリコーンシーリング材が最適です。

③は端子ボックス内には端子ケーブルとバイパスダイオードを備えるため、防水性や絶縁性など信頼性を高めるために2液タイプの縮合硬化型シリコーンポッティング材が使われています。

④は、太陽電池内部への水や異物の浸入防止、およびセルに伝わる衝撃を和らげる目的で使われています。現在の主流は生産性と材料コストなどバランスに優れたEVA（エチレン酢酸ビニル共重合体）になります。

太陽電池が開発された当初は、付加硬化型の液状シリコーンゴムが使用され、その時に作られた太陽電池の中には、約30年間稼働を続けているものもあります（左写真参照）。そのうち40台の特性評価を28年経過後に行ったところ、出力低下は平均で、1枚あたり6・4％であり、年間での劣化率にすると0・22％でした。これはシリコーンゴムで封止したモジュールの長期屋外暴露における耐候性、耐久性が大変優れていることを示しています。そのため、現在では、生産性を向上させたシリコーンゴムシートの封止材を開発し、他の封止材にはない難燃性も有することから高い評価を得ています。

要点BOX
- ●太陽電池の部材にもシリコーンゴムが活躍
- ●約30年経過しても出力の低下が少なく発電を続ける信頼性

太陽電池に使われるシリコーンゴム

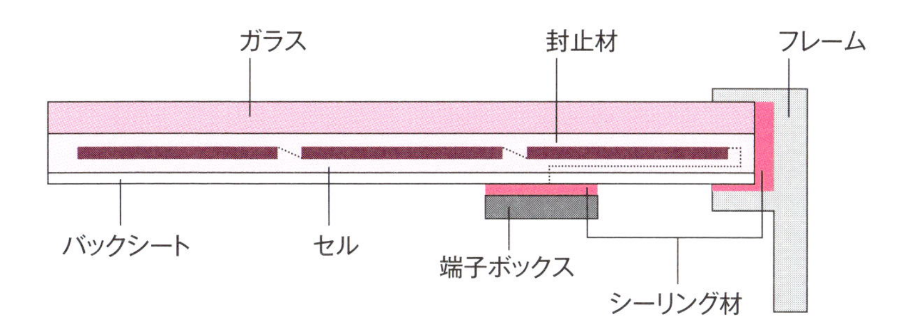

壺阪寺の太陽電池モジュール

Column

女の子に大人気ジュエリーアーティスト！メイキングトイ「ぷに♡ジェル」

「ぷに♡ジェル」とは、セガトイズから2016年4月に発売された女児向けのレジン風アクセサリーの手作り体験キットのことです。専用ジェルを混ぜた後で型に流すだけで、見た目はクリアでキラキラ、触り心地はぷにぷにした本格的アクセサリーを子供でも簡単に作る体験ができると好評を博しており、ロングセラー商品となっています。

このジェルにはシリコーンが使用されています。シリコーンが採用されたのには、主に次の三つの理由があります。

・高い安全性を有すること

・室温で簡単に硬化し、硬化収縮も小さいこと

・ずっと透明性が高いこと

シリコーンは医療用途や哺乳瓶の乳首に使用されるほど安全な高分子であり、子供向けのおもちゃにも安心して使用することができます。また、2液タイプにすることにより、主剤と硬化剤を分けてパッケージすることができますので、長期間にわたって室温で保存することが可能です。しかしながら、混ぜた後は特別な道具を必要とせずに室温で1日程度放置すれば硬化するように設計されています（子供がゆっくり作業できる時間も確保しています）。この材料には付加反応を利用していますので、無臭であり、硬化収縮はなく、むらなく均一に硬化し、揮発成分も生じません。また、子供でも混ぜやすいように比較的低粘度で仕上げており、パッケージ方法も工夫されています。シリコーンは非常に高い耐久性と耐候性を有していますので、太陽光が当たる暑いところや寒いところに置いても柔らかいままで高い透明性を維持することができます。

シリコーンは最先端の自動車や家電に使用されるだけでなく、このように子供達が遊ぶようなおもちゃにまで使用することができる応用性・汎用性の高い材料であると言えます。

（写真提供：株式会社セガトイズ）

Column

国内外の水族館の大型水槽に使われる

　最近、水族館の水槽は、大型化されたり、チューブ状の海中トンネルになっていたりと様々な形で海洋生物の迫力や生態を直接感じられるように作られています。

　それら大型水槽には、巨大なアクリル板が使用されています。一本の柱もなく、巨大な水圧に耐えられるため、テレビでも取り上げられ、ご存知の方も多いと思います。

　そのアクリル板とコンクリートの間の接合目地にもシリコーンシーリング材が使われています。アクリル板は透明度が高く、大型の水槽に適していますが、施工後も伸び縮みをするため、追従性が求められます。また、水に常時浸漬される過酷な環境の中でも長期間大きな水圧に耐えられる必要があるため、耐久性や接着性に優れるシリコーンシーリング材が選ばれています。

　シーリング材には、シリコーン以外の材料が使用された時もありましたが、アクリル板の伸縮に追従できず剥離が生じ、水漏れを起こすことがあったようです。一方、シリコーンシーリング材は深部硬化性に優れる2成分形シリコーンを使用しました。耐久性だけではなく、伸びは1000%を超え、変位追従性にも優れるため、大型水槽に適したシーリング材となりました。しかし、深い目地では、2成分形でも深部硬化が悪いとの指摘もあり、第3成分として深部硬化剤を追加した3成分系の材料を開発しました。その結果、近年建設されている国内外の水族館の大部分にその3成分形シリコーンシーリング材が使われるようになりました。

【参考文献・参考資料】

・建築用シーリング材ハンドブック　発行：日本シーリング材工業会
・「シリコーン―その基礎と応用」伊藤邦雄著
・「シリコーンハンドブック」伊藤邦雄著

マヤワラ

ナハ

索引

英数

ア

カ

今日からモノ知りシリーズ
トコトンやさしい
シリコーンの本

NDC 578

2019年11月25日　初版1刷発行

監修者　池野正行
©編著者　信越化学工業
発行者　井水 治博
発行所　日刊工業新聞社
東京都中央区日本橋小網町14-1
(郵便番号103-8548)
電話　書籍編集部　03(5644)7490
販売・管理部　03(5644)7410
FAX　03(5644)7400
振替口座　00190-2-186076
URL　http://pub.nikkan.co.jp/
e-mail　info@media.nikkan.co.jp
印刷・製本　新日本印刷(株)

●DESIGN STAFF
AD――――――志岐滋行
表紙イラスト―――黒崎　玄
本文イラスト―――榊原唯幸
ブック・デザイン――奥田陽子
(志岐デザイン事務所)

●
落丁・乱丁本はお取り替えいたします。
2019 Printed in Japan
ISBN　978-4-526-08020-3 C3034

●監修者略歴
池野 正行(いけの まさゆき)

1954年生まれ。出身県：群馬県。最終学歴・卒年：1981年 筑波大学 化学研究科博士課程修了(理学博士)。1981年4月 信越化学工業 入社。2009年7月 シリコーン電子材料技術研究所 第一部長、2010年10月 シリコーン電子材料技術研究所 第二部長、2017年6月 シリコーン電子材料技術研究所長就任。

●著者一覧
信越化学工業㈱
シリコーン電子材料技術研究所

遠藤　晃洋　第6章
亀田　宜良　第7章
木村　真司　第1章 第7章
竹脇　一幸　第3章
田中　賢治　第3章
辻　謙一　第1章 第6章
轟　大地　第6章 第7章
萩原　守　第2章
廣神　宗直　第5章
増田　幸平　第1章 第4章
松本　展明　第7章
森谷　浩幸　第2章